浙江省普通高校"十三五"新形态教材

传感器应用技术

CHUANGANQI YINGYONG JISHU

主编 邵 华

 西安交通大学出版社
XI'AN JIAOTONG UNIVERSITY PRESS

内容简介

本书主要介绍了在工业、生活等领域常用传感器的基础知识及应用方法，采用问题引领、任务驱动的形式，着重体现"工学结合、教学做一体化"的职业教育理念。全书根据课程基础知识和实际岗位中可能会遇到的被测信号进行划分，形成传感器基础知识、温度检测、声光检测、距离检测、力/压力检测、红外检测、磁场检测、气体检测和干扰抑制等9个模块。在具体任务的设计中，考虑到学生的认知特点和学习规律，采用多层递进的模式来展现学习内容。

本书可作为高等职业技术院校应用电子、智能控制技术、电气自动化、机电一体化等专业的教学用书，也可作为相关行业的岗位培训用书。

图书在版编目(CIP)数据

传感器应用技术/ 邵华主编. —西安:西安交通
大学出版社,2022.8(2024.7 重印)
    ISBN 978 - 7 - 5693 - 2597 - 3

Ⅰ.①传… Ⅱ.①邵… Ⅲ.①传感器 Ⅳ.①TP212

中国版本图书馆 CIP 数据核字(2022)第 078298 号

书　　名	传感器应用技术	
主　　编	邵　华	
责任编辑	李　佳	
责任校对	王　娜	
出版发行	西安交通大学出版社	
	(西安市兴庆南路1号　邮政编码710048)	
网　　址	http://www.xjtupress.com	
电　　话	(029)82668357　82667874(市场营销中心)	
	(029)82668315(总编办)	
传　　真	(029)82668280	
印　　刷	西安日报社印务中心	
开　　本	787 mm×1092 mm　1/16　印张 14.375　字数 321千字	
版次印次	2022年8月第1版　2024年7月第2次印刷	
书　　号	ISBN 978 - 7 - 5693 - 2597 - 3	
定　　价	43.80元	

如发现印装质量问题,请与本社市场营销中心联系。
订购热线:(029)82665248　82667874
投稿热线:(029)82668818
读者信箱:19773706qq.com

前 言

随着我国高等职业教育改革的不断推进,在高等职业教育中需要更注重实践,体现"教学做一体"的职业教育理念。因而,高等职业教育教材也势必与之相适应,需要重新调整,以满足培养技术应用型人才的需要。

本书将问题引领的学习理念贯穿始终,采用任务驱动的模式引导学生学习。在内容选取中,根据学生未来实际在岗位中可能遇到的任务并考虑学习过程中学生的兴趣,将学习内容从被测信号的角度进行划分,形成传感器基础知识、温度检测、声光检测、距离检测、力/压力检测、红外检测、磁场检测、气体检测和干扰抑制 9 个模块。在每个模块中首先围绕系列问题开展学习与训练,当完成项目基础知识学习后,再根据实际任务对该模块的传感器进行具体应用。

在具体内容的设计中,考虑到学生的认知特点和学习规律,本书采用归纳演绎、多层递进的模式。首先,在各个检测模块内实现学习内容的归纳展开。比如在温度检测模块,先介绍温度检测的基础知识,对测温传感器进行分类整理;然后从最简单常见的温度传感器——温控突跳开关入手,了解其测温原理及具体传感器应用;再介绍热敏电阻、热电阻、热电偶等各个温度传感器的应用设计。在红外检测模块,同样先对红外检测进行分类,然后从最常用的红外传感器——红外发光二极管、一体化红外接收头入手,学习红外检测、红外遥控;再介绍人体感应传感器、红外测温传感器等内容,以实现学生对模块内知识掌握的提高。其次,在各个检测模块间实现学习内容难度上的递进。在温度与声光检测项目中提供项目原理图及元件参数,让学生进行制作与调试;在位移和受力检测项目中提供项目原理图,但不提供电容、电阻参数;在红外与磁场检测项目中,提供部分项目原理图;最后在气体检测中,仅提供传感器芯片及其说明。如此,使学生的学习内容从简单的制作调试慢慢过渡到检测模块的基本设计,以培养学生具有更广的适应能力。

本书由宁波城市职业技术学院邵华主编。在本书的编写过程中,得到了校内外广大同行的大力支持和指正,同时还参阅了同行专家们的部分资料,已将主要的参考文献列于书后,在此向他们表示衷心的感谢。

由于编者水平有限,书中难免存在疏漏或不妥之处,敬请广大读者批评指正。

编者
2022.3

目　录

项目1　传感器应用基础 ……………………………………………… 1

1.1　传感器的基本概念 ……………………………………………… 1

1.2　如何分类传感器 ………………………………………………… 3

1.3　如何命名传感器及其代号 ……………………………………… 3

1.4　如何选用传感器 ………………………………………………… 5

1.5　如何认识传感器性能指标 ……………………………………… 5

1.6　什么是检测技术和检测系统 …………………………………… 10

1.7　怎么衡量测量结果的好坏 ……………………………………… 14

项目1小结 …………………………………………………………… 24

项目2　温度是如何检测的 ………………………………………… 26

2.1　什么是温度检测及其分类 ……………………………………… 26

2.2　突跳温控开关是如何测温的 …………………………………… 29

2.3　热敏电阻是如何测温的 ………………………………………… 31

2.4　金属热电阻是如何测温的 ……………………………………… 37

2.5　热电偶是如何测温的 …………………………………………… 42

2.6　集成温度传感器是如何测温的 ………………………………… 53

2.7　如何制作温度报警器 …………………………………………… 58

项目2小结 …………………………………………………………… 59

项目3　声光是如何检测的 ………………………………………… 61

3.1　什么是声音检测及其分类 ……………………………………… 61

3.2　什么是可见光检测及其分类 …………………………………… 63

3.3　话筒是如何测声音的 …………………………………………… 67

3.4　光敏电阻是如何测可见光的 …………………………………… 73

3.5　光敏晶体管是如何测可见光的 ………………………………… 79

3.6　如何制作声光控楼道灯 ………………………………………… 84

项目 3 小结 ……………………………………………………………………… 86

项目 4 位移是如何检测的 ……………………………………………… 88
  4.1 什么是位移检测及其分类 …………………………………………… 88
  4.2 编码器是如何工作的 ………………………………………………… 90
  4.3 超声波传感器是如何工作的 ………………………………………… 96
  4.4 电感传感器是如何工作的 …………………………………………… 102
  4.5 电容传感器是如何工作的 …………………………………………… 113
  4.6 如何制作简易倒车雷达 ……………………………………………… 121
  项目 4 小结 ……………………………………………………………… 124

项目 5 力/压力是如何检测的 ………………………………………… 127
  5.1 什么是力/压力及其分类 …………………………………………… 127
  5.2 电阻应变片是如何测力的 …………………………………………… 130
  5.3 压电传感器是如何测力的 …………………………………………… 138
  5.4 如何制作手指测力器 ………………………………………………… 145
  项目 5 小结 ……………………………………………………………… 147

项目 6 红外是如何检测的 …………………………………………… 149
  6.1 什么是红外检测及其分类 …………………………………………… 149
  6.2 红外晶体管是如何工作的 …………………………………………… 151
  6.3 红外遥控是如何工作的 ……………………………………………… 158
  6.4 热释电传感器是如何测温的 ………………………………………… 163
  6.5 如何制作简易红外遥控器 …………………………………………… 166
  项目 6 小结 ……………………………………………………………… 169

项目 7 磁场是如何检测的 …………………………………………… 172
  7.1 什么是磁场检测及其分类 …………………………………………… 172
  7.2 干簧管是如何检测磁场的 …………………………………………… 174
  7.3 霍尔传感器是如何检测磁场的 ……………………………………… 177
  7.4 如何制作运动计数器 ………………………………………………… 192

项目 7 小结 ……………………………………………………………… 193

项目 8 气体是如何检测的 ……………………………………………… 196

  8.1 什么是气体检测及其分类 …………………………………… 196

  8.2 气敏电阻是如何检测气体的 ………………………………… 198

  8.3 湿度是如何检测的 …………………………………………… 204

  8.4 如何制作酒精检测仪 ………………………………………… 211

项目 8 小结 ……………………………………………………………… 212

项目 9 如何抵挡无处不在的干扰信号 ………………………………… 215

  9.1 干扰从何而来 ………………………………………………… 215

  9.2 如何抑制干扰 ………………………………………………… 217

项目 9 小结 ……………………………………………………………… 221

参考文献 ………………………………………………………………… 222

项目 1　传感器应用基础

1.1　传感器的基本概念

1.1.1　什么是传感器

在日常生活中,人们可以借助自身的感觉器官,如眼、耳、鼻、舌等,从外界获取相应的信息。但是,在研究自然现象、自然规律或开展各类生产活动的过程中,仅仅依靠人类的感觉器官是远远不够的。人们需要借助外物的帮助来获取更精准、更宽广或各类极端条件下的信息,这些外物通常就被称为传感器。传感器可以说是人类感官的工程模拟物,是人类感官的延伸,是获取自然领域中各类信息的主要途径与手段。因此,传感器技术与通信技术、计算机技术成为目前信息技术发展的三大支柱。

我国国家标准 GB/T7665—2005《传感器通用术语》中对传感器的定义是:传感器是能感受被测量并按照一定的规律转换成可用输出信号的器件或装置,通常由敏感元件和转换元件组成。敏感元件指传感器中能直接感受或响应被测量的部分;转换元件指传感器中能将敏感元件感受或响应的被测量转换成适于传输或测量的电信号部分,当输出为规定的标准信号时,则称为变送器。

(1)传感器是一种能完成某一检测任务的器件或装置。如图 1-1 所示,一般器件类传感器相对简单,尺寸也较小,如热敏电阻等;装置类传感器相对复杂,尺寸也会大一些,如摄像头等。

(a)器件类传感器——热敏电阻　　　(b)装置类传感器——摄像头

图 1-1　器件类传感器与装置类传感器

(2)传感器的输入信号是某一被测量,可能是物理量,也可能是化学量、生物量等。

(3)传感器的输出信号是一种物理量,这种物理量要便于传输、转换、处理、显示等。当前,传感器的输出信号主要是电量。这是由于各行各业的现代测控系统中需要检测的信号种类繁多,测量中需要对测得的信号进行各种后续处理,如放大、反馈、滤波、微分、存储、远距离操作等,而电信号能较容易地利用电子仪器和计算机进行分析与处理,再变为简单、易传输的二次信号。

(4)传感器的输入信号与输出信号之间要有对应关系,即一定的规律,同时应有一定的精确度,如图1-2所示。

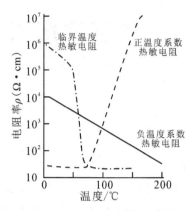

图1-2　三种不同热敏电阻的温度-电阻对应关系曲线图

(5)传感器一般由敏感元件、转换元件两部分组成。但实际上,有些传感器很简单,没有转换元件;有些传感器由一个敏感元件兼作转换元件,在感受被测量时直接输出电量;有些传感器的转换元件不止一个,需要经历若干次信号转换。此外,有些传感器除了敏感元件和转换元件外,还需要通过信号转换电路调整信号。

(6)规定的标准信号:指物理量的形式和数量范围都符合国际标准的信号。

一般标准电信号分两类:

①DDZ-Ⅱ型:指现场传输的是0~20 mA DC的电流信号,0~10V DC的电压信号。

②DDZ-Ⅲ型:指现场传输的是4~20 mA DC的电流信号,1~5V DC的电压信号。

DDZ-Ⅲ型标准电信号为了和停电状态区分,故意把0 mA和0 V排除在外;同时也把晶体管器件的起始非线性段避开了,使输出信号值与被测参数的大小更接近线性关系,因此使用DDZ-Ⅲ型标准电信号更方便。

1.1.2　为什么要学习传感器

随着新技术革命的到来,世界开始进入信息时代。在利用信息的过程中,首先要解决的就是如何获取准确可靠的信息,而传感器是获取这些信息的主要途径与手段。

在现代工业生产中,要用各种传感器来监视和控制生产过程中的各个参数,使设备工作在正常状态或最佳状态,使产品达到最好的质量。没有众多优良的传感器,现代化生产也就失去了基础。

在基础科学研究中,传感器具有更突出的地位。现代科学技术的发展,进入了许多新领域,例如在宏观上要观察上千光年的宇宙,微观上要观察小到纳米的粒子世界,纵向上要观察长达数十万年的天体演化,还要观察短到毫秒的瞬间反应。此外,还出现了对深化物质认识、开拓新能源和新材料等具有重要作用的各种极端技术研究,如超高温、超低温、超高压、超高真空、超强磁场、超弱磁场等。显然,要获取大量人类感官无法直接获取的信息,没有相适应的传感器是不可能的。许多基础科学研究的障碍,首先就在于对象信息的获取存在困难,而一些新机理和高灵敏度的检测传感器的出现,往往会导致该领域内的研究取得新的突破。

除了工业生产、宇宙开发、海洋探测、环境保护、资源调查、医学诊断、生物工程、文物保护等领域,传感器也向着与人们生活密切相关的领域渗透,如智能汽车、家用电器、医疗卫生、环境保护、安全防范、智能家居等方面的新传感器应用层出不穷。毫不夸张地说,从茫茫的太空到浩瀚的海洋,从各种复杂的工程系统运行到日常的家居生活,人类都已离不开各式各样的传感器的应用。

1.2　如何分类传感器

目前,传感器的分类并没有统一的标准。而传感器本身又种类繁多、原理各异,检测对象五花八门,都给分类工作带来一定困难。

在现实应用中,传感器通常按以下四种方法进行分类:

(1)按敏感元件测量原理分类:可分为电阻式、电容式、压电式、热电式等。

(2)按被测物理量分类:可分为压力传感器、温度传感器、速度传感器及气敏传感器等。

(3)按能量转换模式分类:

①能量变换型:即有源传感器。有源传感器能自行发电,并将所测非电量信息转换为对应的电量,不用外接电源,如热电偶测温传感器。

②能量控制型:即无源传感器。无源传感器本身并不是一个换能器,被测非电量仅对传感器中的能量起控制或调节作用,必须外接电源。

(4)按输出信号类型分类:可分为数字式传感器、模拟式传感器。

在国家标准 GB/T7665—2005 中列举了不少传感器的名称,其中可以归类到按敏感元件测量原理分类的常见传感器有:电阻式传感器、电容式传感器、电感式传感器、压电式传感器、热电式传感器、磁电式传感器、霍尔式传感器、压阻式传感器、磁阻式传感器、光导式传感器、光伏式传感器、光纤传感器、电化学传感器等。可以归类到按被测物理量分类的常见传感器有:温度传感器、可见光传感器、声传感器、力传感器、位移传感器、磁传感器、红外光传感器、气体传感器、湿度传感器、射线传感器、离子传感器等。

1.3　如何命名传感器及其代号

传感器的种类繁多,如果没有一个统一的传感器命名规则,则会对日常生产生活中的沟通交流造成一定的困扰。国家标准 GB/T7666—2005 中对传感器的命名及代号做了统一规定,该国家标准属于推荐性国家标准。

1.3.1 如何命名传感器

根据国家标准 GB/T7666—2005 中的定义,一种传感器产品的名称应由主题词加四级修饰语构成。

(1)主题词——传感器;

(2)第一级修饰语——被测量,包括修饰被测量的定语;

(3)第二级修饰语——转换原理,一般可后续以"式"字;

(4)第三级修饰语——特征描述,指必须强调的传感器结构、性能、材料特征、敏感元件及其必要的性能特征,一般可后续以"型"字;

(5)第四级修饰语——主要技术指标,如量程、精确度、灵敏度等。

在传感器产品的命名中,除第一级修饰语外,其他各级修饰语可视具体情况任选或省略。如 600 kPa 单晶硅压阻式压力传感器,包含了传感器命名的所有内容,即主题词和四级修饰语;100~160 dB 电容式声压传感器,则没有第三级修饰语(特征描述)。更多典型传感器的命名构成及各级修饰语可以参见国家标准 GB/T7666—2005 中表 1 的举例。

1.3.2 什么是传感器代号

根据国家标准 GB/T7666—2005,传感器的代号由四部分组成,如图 1-3 所示,依次为:主称(传感器)-被测量-转换原理-序号。

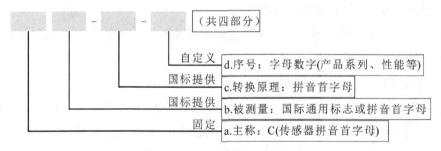

图 1-3 传感器代号规则

(1)主称——传感器,代号 C;

(2)被测量——用一个或两个汉字拼音的第一个大写字母标记;

(3)转换原理——用一个或两个汉字拼音的第一个大写字母标记;

(4)序号——用一串字母加阿拉伯数字标记,由厂家自定,用于表征产品设计特性、性能参数、产品系列等。若产品性能参数不变,仅局部改动或变动时,其序号可在原序号后面按顺序加注大写字母 A、B、C 等(其中 I、Q 另有作用,不在此顺序中使用)。

传感器代号例子如图 1-4 所示。

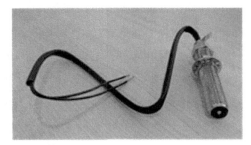

CY-YZ-STI 100

传感器 压力-压阻-STI 100(序号)

(a)

CZS-HE-SPR KE10000

传感器 转速-霍尔-SPR KE10000(序号)

(b)

图 1-4   传感器代号例子

1.4   如何选用传感器

　　如何快速选用合适的传感器一直是传感器应用中相对困难的问题。因为不同的工作环境、不同的成本控制、不同的精度要求,都会对传感器的选择产生很大的影响。比如同样是测量温度,我们可以选择温控突跳开关或热敏电阻,也可以选择金属热电阻、热电偶或集成温度传感器等,使用不同测量原理的传感器会导致测温结果不完全相同。根据需求选择合适的传感器,会给后续整个检测系统的搭建、外界信号有效获取都带来便利。

　　传感器的选择涉及面很多,在进行实际测量之前,需要先对测量对象、测量环境等多方面因素进行了解,然后从以下几个方面考虑如何选择传感器:

　　(1)传感器的测量范围是否满足需求;

　　(2)产品空间对传感器体积的要求;

　　(3)测量方式为接触式测量还是非接触式测量;

　　(4)测得信号的引出方法采用有线引出还是非接触无线引出;

　　(5)产品对于传感器的价格承受能力;

　　(6)传感器的其他性能指标,如传感器的静态性能指标(线性度、灵敏度、分辨率、迟滞、重复性等),传感器的动态性能指标(阶跃响应特性、频率响应特性等)。

　　以上传感器的选择中考虑的各个方面并没有绝对的先后次序之分,而是要根据实际情况作出合理的判断与选择;如果遇到几方面的要求相互冲突时,也要根据实际情况进行妥协,作出对整体系统功能实现最有利的选择。

1.5   如何认识传感器性能指标

　　在传感器的使用过程中,我们需要根据其性能指标选择合适的传感器来获取被测量信息,这将直接影响到测量结果的可靠性和准确度。

传感器的性能指标指的是传感器的输入信号与输出信号之间的关系,通常可以通过数学函数、坐标曲线、图表等方式表示,主要包括静态性能指标与动态性能指标两个方面。当被测量处于稳态情况时(即其不随时间变化或变化很慢),传感器的输入量、输出量基本与时间无关,可以认为它们之间的关系是一个不含时间变量的数学函数,在这种关系基础上确定的传感器输入-输出响应特性为静态性能指标,也称静态特性。当被测量随时间快速变化时(如机械振动),传感器的输入量、输出量与时间密切相关,它们之间的关系是一个含有时间变量的微分方程,在这种关系基础上确定的传感器输入-输出响应特性为动态性能指标,也称动态特性。

1.5.1 什么是静态性能指标

传感器的静态性能指标是指传感器的输入信号不随时间变化或变化非常缓慢时,所表现出来的输出响应特性。通常传感器的静态性能指标有:测量范围、线性度、灵敏度、分辨率、迟滞、重复性等。

1. 测量范围

测量范围是指在保证一定性能指标的前提下,用最大被测量(测量上限)和最小被测量(测量下限)表示的区间。如图 1-5 所示,该传感器的测量范围为:$[X_{min}, X_{max}]$;此外,量程为传感器测量上限与测量下限的代数差,即 $X_{max} - X_{min}$;Y_{FS} 为传感器工作特性决定的最大输出和最小输出的代数差,又称满量程输出,即 $Y_{max} - Y_{min}$。需要特别指出的是,传感器的测量范围、量程、满量程输出等性能指标是有量纲的,只有在标注单位后才有意义。

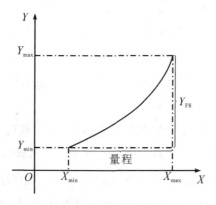

图 1-5 传感器测量范围

2. 线性度

通常情况下,传感器的实际静态输出是一条曲线而非直线。在具体工作中,为使仪表具有均匀刻度的读数,常用一条拟合直线近似地代表实际特性曲线,如图 1-6 所示。线性度(非线性误差)就是表示该近似程度的一个性能指标。

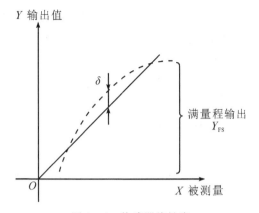

图 1-6 传感器线性度

线性度是用实测检测系统中传感器输入/输出特性曲线与拟合直线之间最大偏差 δ 与其满量程输出 Y_{FS} 的百分比表示,也称为非线性误差,即

$$E_f = \frac{\delta}{Y_{FS}} \times 100\% \tag{1.1}$$

线性度计算需要的拟合直线是一条通过一定方法绘制出来的直线,通常获得拟合直线的方法各有不同。常用的有通过实际特性曲线的起点和满量程点来获取拟合直线,称为端基法;也可以通过使拟合直线和实际特性曲线上各点偏差的平方和最小来获取拟合直线,称为最小二乘法。不同方法获得的拟合直线不尽相同,因此计算所得的线性度也不同。大多数生产厂家和用户都希望传感器的线性度指标达到最好,即传感器的线性度误差最小。

3. 灵敏度

灵敏度指传感器或检测系统在稳态下输出量变化与引起此变化的输入量变化的比值,即输入与输出特性曲线的斜率,如图 1-7 所示。其表达式为

$$s = \frac{\Delta y}{\Delta x} \quad 或 \quad s = \frac{dy}{dx} \tag{1.2}$$

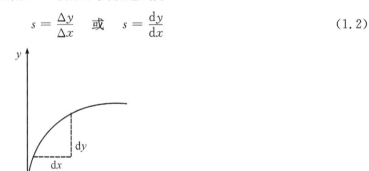

图 1-7 传感器灵敏度

如果传感器的输入/输出之间具有完全线性关系,则传感器的灵敏度 s 为一个常数;否则,它将随输入量的大小变化而变化,如图 1-7 所示。提高传感器的灵敏度,可以得到更高的测

量精度。但应当注意,当传感器的测量精度越高,其测量范围往往越窄,稳定性也越差。因此,一般希望传感器灵敏度 s 在整个测量范围内保持为常数,这样可以得到刻度均匀的标尺,使读数方便,也便于分析和处理测量结果。

一般传感器输入和输出的变化量有不同的量纲,因此灵敏度 s 也存在量纲。如输入量为温度(℃),输出量为电压(V),则 s 的量纲为 V/℃。当然,在特殊情况下输入量与输出量具有相同量纲时,灵敏度 s 也可以理解为放大倍数。

4.分辨率

分辨率指传感器或检测仪表在规定范围内可能检测出的被测量的最小变化值。如果传感器或仪表的输入量从某个任意非零值缓慢地变化(增大或减小),在输入变化值 Δ 没有超过某一数值以前,该传感器或仪表输出值不会变化,但当输入变化值 Δ 超过某一数值后,该传感器或仪表输出值发生变化。这个使输出值发生变化的最小输入变化值就是分辨率。分辨率表示的是传感器或仪表能够检测到被测量最小变化量的能力。通常传感器或仪表的灵敏度越高,分辨率越好。

传感器通常在满量程范围内各点的分辨率并不相同,因此常用满量程中能使输出量产生阶跃变化的输入量的最大变化值作为衡量分辨率的指标。而对仪表而言,一般模拟式仪表的分辨率规定为最小刻度分格数值的一半,数字式仪表的分辨率规定为其最后一位的数字。

5.迟滞

迟滞指某些传感器内部有储能效应,使得被测量逐渐增加和减少时测得的上升曲线与下降曲线不一致的程度。也就是说,对同样大小的输入量,传感器在正、反行程中,往往对应两个大小不同的输出量。通过实验,找出输出量的最大差值,并除以满量程输出 Y_{FS},就得到迟滞的大小(如图 1-8 所示),即

$$E_f = \frac{\Delta_m}{Y_{FS}} \times 100\% \tag{1.3}$$

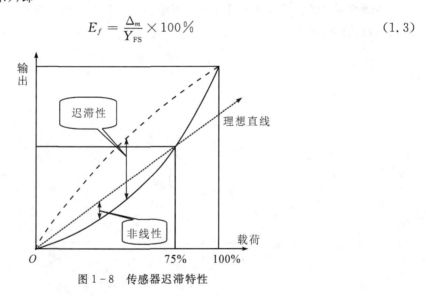

图 1-8 传感器迟滞特性

式中,Δ_m 为输出值在正、反行程期间的最大差值。迟滞是由传感器或仪表内部元件存在能量吸收或传动机构的摩擦、间隙等原因造成的。

6.重复性

重复性指传感器在相同条件下检测同一物理量时每次测量的不一致程度,也叫稳定性。重复性的高低与许多随机因素有关,也与产生迟滞的原因相似,它可用实验的方法来测定。

1.5.2 什么是动态性能指标

动态性能指标是指传感器或检测系统对于随时间变化的输入量的响应特性。只要输入量是时间的函数,则输出量也必将是时间的函数。研究动态特性的标准输入形式有三种,即阶跃信号、正弦信号和线性信号,而经常使用的是前两种,因此常见的动态性能指标有阶跃响应特性和频率响应特性。

1.阶跃响应特性

阶跃响应特性是指传感器或检测系统在单位阶跃信号的作用下产生的零状态响应,如图 1-9 所示。所谓零状态响应是指传感器或检测系统在接收到指定输入之前处于初始状态,即保证传感器或检测系统是完全因为指定输入(在此为单位阶跃输入)而产生的响应变化。

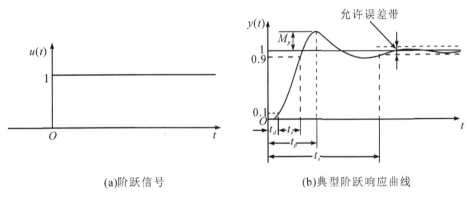

(a)阶跃信号　　　　　　　　　　　(b)典型阶跃响应曲线

图 1-9　传感器阶跃响应特性

单位阶跃信号是一种典型输入信号,如图 1-9(a)所示,其定义为

$$u(t) = \begin{cases} 0, t < 0 \\ 1, t > 0 \end{cases} \tag{1.4}$$

需要注意,单位阶跃信号在 $t=0$ 处不连续且值不确定。

因为阶跃响应特性能很大程度上反映传感器或检测系统的动态特性,所以是十分重要且常用的响应类型。

2.频率响应特性

频率响应是指传感器或检测系统对正弦输入信号的稳态响应。当给传感器或检测系统输入频率不同、幅值相同、初相位为 0 的正弦信号,其输出信号的幅频关系(幅频特性)和相频关系(相频特性)合称为传感器或检测系统的频率响应特性,如图 1-10 所示。

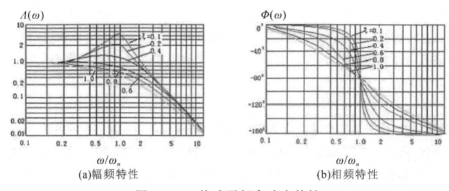

图 1-10 传感器频率响应特性

传感器或检测系统的频率响应特性决定了被测量的频率范围。传感器或检测系统的频率响应高,可测的信号频率范围就宽。

1.5.3 如何进行参数标定

传感器参数标定是指传感器在装配完成后按设计指标进行性能鉴定,或者当传感器使用一段时间后,必须对主要技术指标进行校准。一般来说,对传感器进行标定时,必须以国家和地方计量部门的有关检定规章为依据,选择正确的标定条件或适当的仪器设备,按照一定的程序进行。

传感器的参数标定过程即通过实验建立传感器输出与输入之间的关系并确定不同使用条件下误差的过程。其基本方法是将已知被测量作为待标定传感器的输入,同时用输出量测量环节将待标定传感器的输出信号测量并显示出来,对该传感器的输入量与输出量进行处理与比较,从而得到一系列表征两者对应关系的标定曲线,进而得到该传感器性能指标的实测结果。

传感器的静态标定是在静态标准条件下进行的。静态标准条件是指无加速度、振动与冲击(除非这些参数本身就是被测物理量),环境温度一般为室温(20±5 ℃),相对湿度不大于85%,大气压力为101.32±7.999 kPa。为保证静态标定的精度,应选择至少比被标定传感器的精度要求高一个量级的标准器具进行定度。

传感器的动态标定主要用于确定传感器的动态技术指标。一般采用实验方式来确定传感器的动态性能指标,即在标定中先采用标准信号(如阶跃信号、正弦信号)激励,然后观察输出信号。

1.6 什么是检测技术和检测系统

1.6.1 什么是检测技术

虽然传感器能够将来自外界的各种信号转换成电信号,不过如何更有效地利用传感器,对生产、科研、生活中的各种信号进行测量还需要进一步研究。检测技术是以各种传感器的信息提取、信息转换以及信息处理等为主要研究内容的应用技术。通过检测技术可以帮助人们对被测对象所包含的信息进行定性地了解或定量地掌握,对产品进行检验和质量控制。从信息科学角度考察,检测技术任务有:寻找与自然信息具有对应关系的种种表现形式的信号,以及确定二者间的定性或定量关系;从反映某一信息的多种信号表现中挑选出在所处条件下最合适的表现形式,以及寻求最佳的采集、变换、处理、传输、存储、显示等方法和相应的设备。

在传感器检测过程中,为提高检测效率和充分利用检测结果,一般会围绕传感器检测搭建自动检测系统或自动控制系统。自动检测系统就是自动实现传感器的信息提取、信息转换以及信息处理的系统或装置。自动控制系统是指利用执行器作为自动控制装置,根据自动检测系统获取的参数信息,对生产中某些关键性参数进行自动调节,使它们在受到外界干扰影响而偏离正常状态时能够自动调节回到工艺要求的数值范围内。例如,电力、石油、化工、机械等行业的一些大型设备,通常都在高温、高压、高速和大功率状态下运行,通常设置故障监测系统对温度、压力、流量、转速、振动和噪声等多种参数进行长期动态监测,以便及时发现异常情况,加强故障预防,达到早期诊断的目的。这样做可以避免严重的突发事故,保证设备和人员安全,提高经济效益。

1.6.2　如何构成检测系统

一个完整的检测系统或装置通常由传感器、测量电路、显示记录装置等几部分组成,分别完成信息获取、转换、显示和处理等功能,如图 1-11 所示。

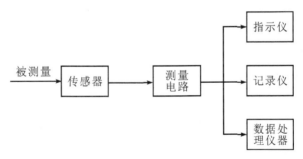

图 1-11　检测系统组成框图

其中,传感器是自动检测系统与被测对象直接发生联系的部件,把被测量转换成电量,是检测系统最重要的环节。检测系统获取信息的质量是由传感器的性能决定的。

测量电路的作用是将传感器的输出信号转换成易于传输的电压或电流信号,通常传感器输出信号是微弱的,需要由测量电路进行放大。此外,测量电路还能进行阻抗匹配、微分、积分、线性化补偿等信号处理工作。

显示记录装置是检测人员和检测系统联系的主要环节,其主要作用是使人们了解被测量的大小或变化的过程。常用的有模拟显示、数字显示和图像显示三种。模拟显示是利用指针对标尺的相对位置来表示被测量的大小(如各种指针式电气测量仪表),该模式读数方便、直观、结构简单、价格低廉,在检测系统中一直被大量应用,但其精度受标尺最小刻度限制,而且读数时易产生主观误差。数字显示则直接以十进制数字形式来显示读数,可以附加打印机,打印记录测量数值,并且易于连接计算机,使数据处理更加方便。如果被测量处于动态变化中,用显示仪表读数就十分困难,这时可以采用图像显示,即将输出信号送至记录仪,从而描绘出被测量随时间变化的曲线作为检测结果,供分析使用。常用的自动记录仪器有笔式记录仪、光线示波器等。

1.6.3　如何分类测量方法

测量是指人们用实验的方法,借助一定的仪器或设备,将被测量与同性质的标准量进行比较,从而确定被测量的定量信息。测量结果包括数值大小和测量单位两部分,数值的大小可以用数字、曲线或者图形表示。测量过程中使用的标准量应该是国际或国内公认的性能稳定的量,称为测量单位。

在测量过程中,一般被测量不与标准量直接比较。大多是将被测量和标准量变换成双方易于比较的某个中间变量来进行的,如用弹簧秤称重,被测量通过弹簧按比例伸长,转换为指针位移,将标准质量转换成标准尺度。这样被测量和标准量都转换成位移这一中间变量,可以进行直接比较。此外,为了提高测量精度,并且能够对变化快、持续时间短的动态量进行测量,通常将被测量转换为电压或电流信号,利用电子装置完成比较、示差、平衡和读数。

测量方法是实现测量过程所采用的具体方法,应当根据被测量的性质、特点和测量任务的要求来选择适当的测量方法。按照测量手段,可以将测量方法分为直接测量和间接测量;按照获得测量值的方式,可以分为偏差式测量、零位式测量和微差式测量;此外,根据传感器是否与被测对象直接接触,可分为接触式测量和非接触式测量;而根据被测对象的变化特点,又可分为静态测量和动态测量等。

1.直接测量与间接测量

直接测量是用事先标定好的测量仪表,直接读取被测量结果,如用直尺测长度、用体重计称体重等(如图 1-12(a)所示)。直接测量是工程技术中大量采用的方法,其优点是直观、简便、迅速,但不易达到很高的测量精度。

间接测量首先对与被测量有确定函数关系的几个量进行测量,然后将测量值代入函数关系式,经过计算得到所需结果。例如,测量直流电功率时,根据 $P=UI$ 的关系,分别对 U、I 进行直接测量,再计算出功率 P(如图 1-12(b)所示)。即

$$y = f(x_1, x_2, x_3, \cdots) \tag{1.5}$$

式中,y 表示测量结果;$x_i(i=1,2,3,\cdots)$ 表示直接测量值;f 为两者间的函数关系。间接测量方法多,但花费时间长,一般当被测量不便于直接测量或没有相应直接测量仪表时才采用。

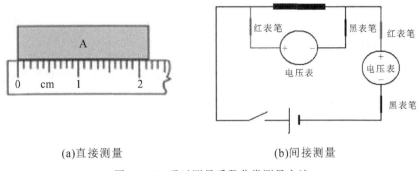

(a)直接测量 (b)间接测量

图 1-12 通过测量手段分类测量方法

2. 偏差式测量、零位式测量和微差式测量

偏差式测量是指利用测量仪表指针相对于刻度初始点的位移(即偏差)来决定被测量的测量方法。使用这种测量方法的仪表内并没有标准量具,只有经过标准量具校准过的标尺或刻度盘。测量时,利用仪表指针在标尺上的示值,读取被测量的数值。偏差式测量以间接方式实现被测量和标准量的比较。偏差式测量简单、便捷,但精度不高,这种测量方法广泛应用于工程测量中,如图 1-13(a)所示。

零位式测量是指用已知的标准量去平衡或抵消被测量的作用,并用指零式仪表指示,从而判定被测量值等于标准量的测量方法。用天平测量物体质量就是零位式测量的简单例子,如图1-13(b)所示。

微差式测量是综合零位式测量和偏差式测量的优点而提出的一种测量方法,其基本思路是将被测量 x 的大部分先与已知标准量 N 相抵消,剩余部分即两者差值 $\Delta = x - N$,这个差值再用偏差法测量,如图 1-13(c)所示。微差式测量中,可以设法使差值 Δ 很小,然后选用高灵敏度的偏差式仪表,可以达到较高的测量精度。

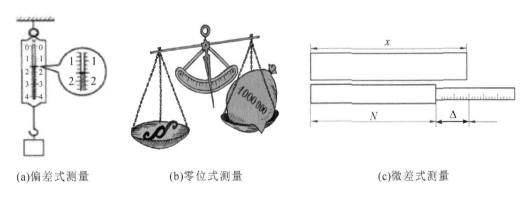

(a)偏差式测量 (b)零位式测量 (c)微差式测量

图 1-13 通过测量方式分类测量方法

1.7 怎么衡量测量结果的好坏

在现实世界中,每一个被测物理量都是一个客观存在,在一定的条件下具有不以人的意志为转移的客观大小,人们将它称为该物理量的真值。测量的目的就是想获取被测量的真值。在测量过程中,具体操作总是要依据一定的实验理论或方法,使用一定的仪器,在一定的环境中,由具体的人进行。由于实验理论上存在着近似性,方法上难以很完善,实验仪器灵敏度和分辨能力有局限性,周围环境不稳定,观测者感官鉴别能力所限以及技术熟练程度不同等因素的影响,待测量的真值实际上是不可能测得的。因此,在测量过程中,任何测量结果和被测量的真值之间都存在或多或少的差异,这种差异就称为测量误差。

1.7.1 如何表示测量误差

测量误差按照其表示方式可分为绝对误差、相对误差和引用误差三种。

绝对误差 Δx 是指测量值 x 与被测量真值 x_0 之间的差值,即

$$\Delta x = x - x_0 \tag{1.6}$$

需要注意的是,绝对误差具有符号和单位,且其单位与测得值相同。其次,由于被测量的真值事实上是不可知的,因此在绝对误差实际计算中,该真值一般用多次测量的平均值、精度更高的仪器的测量值或约定值来替代。

引入绝对误差后,被测量真值可以表示为

$$x_0 = x - \Delta x = x + c \tag{1.7}$$

式中, $c = -\Delta x$,为修正值,与绝对误差数值相等,但符号相反。含有误差的测量值加上修正值即可以消除误差的影响,因此在计量工作中,通常采用加修正值的方法来保证测量值准确可靠。将测量仪表送到计量部门鉴定,其主要目的就是获得一个准确的修正值、修正表或修正曲线。

绝对误差绝对值越小,是不是表示测量精度越高?请看下面几个例子。

例 1-1 体育课上,小明跳远三次测量结果分别为:5.75 m、5.80 m、5.79 m,哪次测量精度高?

解:
$$\overline{x} = (5.75 \text{ m} + 5.80 \text{ m} + 5.79 \text{ m})/3 = 5.78 \text{ m}$$
$$\Delta x_1 = 5.75 \text{ m} - 5.78 \text{ m} = -0.03 \text{ m}$$
$$\Delta x_2 = 5.80 \text{ m} - 5.78 \text{ m} = 0.02 \text{ m}$$
$$\Delta x_3 = 5.79 \text{ m} - 5.78 \text{ m} = 0.01 \text{ m}$$
$$|\Delta x_1| > |\Delta x_2| > |\Delta x_3|$$

由计算可知,第三次测量绝对误差最小,测量精度最高。通过计算得知,在例 1-1 中可以用绝对误差绝对值的大小来衡量测量精度。

例 1-2 下面两次测量哪个精度更高？

 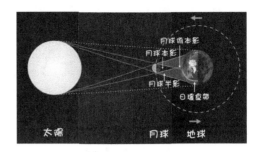

某次跳远后第一次测量结果为 5.75 m　　　　某次测量地日间距离为 149597873 km

（多次测量平均结果为 5.78 m）　　　（国际天文学联合会公布地日间距离 149597870 km）

解：某一次跳远测量绝对误差 $\Delta x_1 = 5.75 \text{ m} - 5.78 \text{ m} = -0.03 \text{ m}$

地日间距离测量绝对误差 $\Delta x_2 = 149597873 \text{ km} - 149597870 \text{ km} = 3 \text{ km}$

$$|\Delta x_1| < |\Delta x_2|$$

例 1-2 中通过两次测量绝对误差绝对值的比较可知，地日间距离测量结果的绝对误差绝对值要远大于跳远距离测量的绝对误差绝对值。如同样用绝对误差衡量测量精度，则跳远测量的精度要高于地日间距离测量的精度。但是从实际情况考虑，地日间距离测量结果相差 3 km 的影响要小于跳远距离测量结果相差 0.03 m 的影响，因此例 1-2 中用绝对误差绝对值来衡量测量精度并不合理。

因此，"绝对误差越小表示测量精度越高"的结论只适用于对同一物体测量的情况，而不适用于对不同物体测量的测量精度比较。为了能有效比较不同物体测量的测量精度，人们在检测技术中引入了相对误差的概念。

相对误差 r 是指仪表测量值绝对误差 Δx 的绝对值与被测量真值 x_0 之间的比值，即

$$r = \frac{|\Delta x|}{x_0} \times 100\% = \frac{|x - x_0|}{x_0} \times 100\% \tag{1.8}$$

相对误差能比绝对误差更好地说明测量精度。采用相对误差来计算例 1-2。

某一次跳远测量相对误差 $r_1 = \dfrac{|\Delta x|}{x_0} \times 100\% = \dfrac{|5.75 \text{ m} - 5.78 \text{ m}|}{5.78 \text{ m}} \times 100\% \approx 0.52\%$

地日间距离测量相对误差 $r_2 = \dfrac{|\Delta x|}{x_0} \times 100\%$

$$= \frac{|149597873 \text{ km} - 149597870 \text{ km}|}{149597870 \text{ km}} \times 100\% \approx 0.000002\%$$

$$r_1 > r_2$$

由计算可知，地日距离的测量相对误差较小，测量精度更高。

相对误差可以比较不同物体测量结果的精度，而且相对误差没有符号与单位。那么是否可以使用相对误差来衡量测量仪表本身所具有的测量精度，即某次测量相对误差较小，是否代表该次测量使用的测量仪表测量精度更高呢？请看下面的例子。

例 1-3 下面两个测量工具哪个测量精度更高？

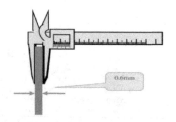

某次测量铅笔长度为 8.73 cm
（多次测量平均为 8.78 cm）

游标卡尺测量绝对误差为 0.02 mm
（某个零件多次测量平均宽度为 0.6 mm）

解：铅笔测量相对误差 $r_1 = \dfrac{|\Delta x|}{x_0} \times 100\% = \dfrac{|8.73\ \text{cm} - 8.78\ \text{cm}|}{8.78\ \text{cm}} \times 100\% \approx 0.57\%$

零件测量相对误差 $r_2 = \dfrac{|\Delta x|}{x_0} \times 100\% = \dfrac{|0.02\ \text{mm}|}{0.6\ \text{mm}} \times 100\% \approx 3.33\%$

$$r_1 < r_2$$

例 1-3 中，通过两次测量相对误差的比较可知，卷尺测量铅笔长度的相对误差要小于游标卡尺测量零件长度的相对误差，如用相对误差衡量仪表的测量精度，则卷尺的测量精度要高于游标卡尺的测量精度。但事实上，游标卡尺的测量精度应该要高于卷尺的测量精度，因此例 1-3 中用相对误差来衡量仪表的测量精度并不合理。为了能合理比较不同测量仪表的测量精度，在检测技术中引入了引用误差的概念。

引用误差 r_0 是指仪表测量值绝对误差 Δx 的绝对值与仪表量程 L 之间的比值，即

$$r_0 = \frac{|\Delta x|}{L} \times 100\% = \frac{|x - x_0|}{L} \times 100\% \tag{1.9}$$

引用误差比相对误差更好地描述了仪表的测量精度。采用引用误差来计算例 1-3，在此要增加 2 个参数，即卷尺量程 2 m，游标卡尺量程 16 cm。

卷尺的引用误差

$$r_{01} = \frac{|\Delta x|}{L} \times 100\% = \frac{|8.73\ \text{cm} - 8.78\ \text{cm}|}{200\ \text{cm}} \times 100\% = 0.025\%$$

游标卡尺的引用误差

$$r_{02} = \frac{|\Delta x|}{L} \times 100\% = \frac{|0.02\ \text{mm}|}{160\ \text{mm}} \times 100\% = 0.0125\%$$

$$r_{01} > r_{02}$$

由计算可知，游标卡尺的引用误差较小，其测量精度更高。

因此，引用误差可以用于比较不同测量仪表的测量精度。为了能具体划分不同测量仪表的测量精度等级，人们在检测技术中引入了最大引用误差的概念。

最大引用误差 r_{0m} 指仪表测量最大绝对误差 Δx_m 的绝对值与仪表量程 L 之间的比值，即

$$r_{0m} = \frac{|\Delta x_m|}{L} \times 100\% \tag{1.10}$$

对于一台确定的仪表或检测系统,最大引用误差是一个定值。因此测量仪表一般采用最大引用误差作为划分精度等级的尺度。

目前,我国生产的仪表常用的精度等级有 0.005、0.02、0.05、0.1、0.2、0.4、0.5、1.0、1.5、2.5、4.0 等。如果某台测量仪表的最大引用误差为 $\pm 1.0\%$,则该仪表的精度等级符合 1.0 级;如果某台测量仪表的最大引用误差为 $\pm 1.3\%$,则该仪表的精度等级符合 1.5 级。级数越小,精度越高。一般科学实验用的仪表精度等级在 0.05 级以上。工业检测用仪表多在 0.1～4.0 级,其中校验用的标准表多为 0.1 或 0.2 级,现场用的多为 0.5～4.0 级。

需要注意的是,对于已知精度等级的仪表,只有被测量值接近满量程时,才能完全发挥其测量精度。因此,使用测量仪表时,应当根据被测量的大小和测量精度要求,合理选择仪表量程和精度等级,这样才能提高测量精度。

在具体测量某个量值时,相对误差也可以根据精度等级所确定的最大绝对误差 Δx_{m} 的绝对值与仪表测试指示值 $x_{指示}$ 进行计算,该相对误差也称为最大相对误差 r_{m},即

$$r_{\mathrm{m}} = \frac{|\Delta x_{\mathrm{m}}|}{x_{指示}} \times 100\% \tag{1.11}$$

例 1-4　根据国家标准计算量程为 2 m 的钢卷尺的精度等级?

解:根据国家标准 GB/T2443—2011 中的规定:钢卷尺任意两线纹间的最大允许误差 Δ 在标准条件下由下列公式求出,即

$$Ⅰ 级:\Delta = \pm(0.1 + 0.1L),单位为 mm$$
$$Ⅱ 级:\Delta = \pm(0.3 + 0.2L),单位为 mm$$

则对于量程为 2 m 的钢卷尺可求出其最大引用误差为

$$Ⅰ 级:|\Delta x_{Ⅰm}| = |\pm(0.1 + 0.1 \times 2)| = 0.3 \text{ mm}$$
$$Ⅱ 级:|\Delta x_{Ⅱm}| = |\pm(0.3 + 0.2 \times 2)| = 0.7 \text{ mm}$$

$$r_{Ⅰ0m} = \frac{|\Delta x_{Ⅰm}|}{L} \times 100\% = \frac{|0.3|}{2000} = 0.015\%$$

$$r_{Ⅱ0m} = \frac{|\Delta x_{Ⅱm}|}{L} \times 100\% = \frac{|0.7|}{2000} = 0.035\%$$

即量程为 2 m 的 Ⅰ 级钢卷尺精度等级是 0.02 级,Ⅱ 级钢卷尺精度等级是 0.05 级。

例 1-5　有一台测量仪表,测量范围为 $-200～800$ ℃,其精度等级为 0.5 级,现用它测量 500 ℃的物体,求该仪表引起的最大绝对误差和相对误差分别为多少?

解:由题目可知,该仪表量程 $L = 800 \text{ ℃} - (-200 \text{ ℃}) = 1000 \text{ ℃}$

其最大绝对误差绝对值 $|\Delta x_{\mathrm{m}}| = r_{0m} \times L = 0.5\% \times 1000 \text{ ℃} = 5 \text{ ℃}$,即 $\Delta x_{\mathrm{m}} = \pm 5 \text{ ℃}$

其最大相对误差 $r = \frac{|\Delta x_{\mathrm{m}}|}{x_{指示}} \times 100\% = \frac{5 \text{ ℃}}{500 \text{ ℃}} \times 100\% = 1\%$

该仪表引起的最大绝对误差为 ± 5 ℃,500 ℃处的最大相对误差为 1%。

例 1-6　已知待测拉力为 70 N,现有两台测力仪表,一只为 0.5 级,测量范围为 0～500 N;另一只为 1.0 级,测量范围为 0～100 N。问选用哪一只测力仪表较好? 为什么?

解:已知 A 仪表精度等级 0.5 级,量程为 500 N,

则其最大绝对误差绝对值 $|\Delta x_{mA}| = r_{0mA} \times L_A = 0.5\% \times 500 \text{ N} = 2.5 \text{ N}$,

其在 70 N 处测量的最大相对误差为 $r_{mA} = \dfrac{|\Delta x_{mA}|}{x_{指标}} \times 100\% = \dfrac{2.5 \text{ N}}{70 \text{ N}} \times 100\% = 3.75\%$;

已知 B 仪表精度等级 1.0 级,量程 100 N,

则其最大绝对误差绝对值 $|\Delta x_{mB}| = r_{0mB} \times L_B = 1\% \times 100 \text{ N} = 1 \text{ N}$,

其在 70 N 处测量的最大相对误差为 $r_{mB} = \dfrac{|\Delta x_{mB}|}{x_{指示}} \times 100\% = \dfrac{1 \text{ N}}{70 \text{ N}} \times 100\% = 1.43\%$。

由于 $r_{mB} < r_{mA}$,因此选用精度等级为 1.0 级,测量范围为 0～100 N 的测力仪表比较好。

由例 1-6 可以看出,在选择测量仪表的时候,应当考虑被测量值是否更接近满量程,被测量值更接近满量程时,更能发挥测量仪表的测量精度。

1.7.2 如何分类测量误差

按照误差出现的规律,测量误差可分为随机误差与系统误差两类。

随机误差是指在相同的条件下,多次重复测量同一量时,大小与符号均无规律变化的误差。随机误差也称为偶然误差或不定误差,是测量过程中许多独立的、微小的、偶然性的因素引起的综合结果,如室温、相对湿度和气压等环境条件的不稳定,分析人员操作的微小差异以及仪器的不稳定等。随机误差大小可以表明测量结果重复一致程度,即测量结果分散性。

即使测试系统的灵敏度足够高,在相同的测量条件下,对同一量值进行多次等精度测量时,仍会有各种偶然的、无法预测的不确定因素干扰而产生随机误差,其绝对值和符号均不可预知,也不能修正或采取某种技术措施来消除。

通过实验还可以了解到,单次测量的随机误差没有规律,大小和正负都不固定,但多次测量的随机误差总体却服从统计规律,绝对值相同的正负随机误差出现的概率大致相等,常能互相抵消,使误差平均值逐渐趋向于零,即随机误差具有对称性、有界性、单峰性、抵偿性的特点,呈现正态分布的特性(如图 1-14 所示)。

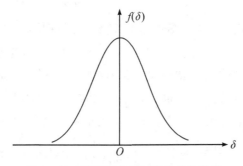

图 1-14 随机误差的正态分布示意图

随机误差的对称性是指随机误差可正、可负,但绝对值相等的正、负误差出现的机会相等。有界性是指在一定的测量条件下,随机误差的绝对值不会超过一定的范围,即绝对值很大的随机误差几乎不出现。单峰性是指绝对值小的随机误差比绝对值大的随机误差出现的机会多，即前者比后者的概率密度大，在 $\delta = 0$ 处随机误差概率密度有最大值。抵偿性是指在相同条件下，当测量次数 $n \to \infty$ 时，全体随机误差的代数和等于零，即

$$\lim_{n \to \infty} \sum_{i=0}^{n} \delta_i = 0 \tag{1.12}$$

因此，可以通过对测量数据进行统计处理，增加平行测定的次数并取平均值的办法减小随机误差，即采用算术平均值 $\overline{x}$ 来替代真值 x。

$$\overline{x} = \frac{1}{n} \sum_{i=1}^{n} x_i \tag{1.13}$$

在实际应用中，测量次数 n 一般取 $5 \sim 10$ 即可。

系统误差是指在相同的条件下，多次重复测量同一量时，误差的大小与符号保持不变，或条件改变时，遵循一定规律变化的误差。检测装置本身性能不完善、测量方法不完善、测量者对仪表使用不当、环境条件的变化等原因都可能产生系统误差。例如，某一表刻度盘分度不准确，就会造成读数偏大或偏小，从而产生恒值系统误差；温度、气压等环境条件的变化和仪表电池电压随使用时间的增长而逐渐下降，则可能产生变值系统误差。系统误差具有重复性、单向性、可测性的特点。

需要注意的是，由于系统误差总是使测量结果偏向一边，或偏大或偏小，因此多次测量求平均值并不能消除系统误差。应根据具体的实验条件及系统误差的特点，找出产生系统误差的主要原因，并设法测定出其大小，那么系统误差就可以通过校正的方法予以减少或者消除。系统误差是定量分析中误差的主要来源。

尽管系统误差取值固定或按一定规律变化，但往往不易从测量结果中发现它的存在且认识它的规律，也不可能像对待随机误差那样，用统计分析的方法进行处理，而只能针对具体情况采取具体的处理措施。因此，系统误差虽然是有规律的，但实际处理起来往往比无规则的随机误差困难得多。对系统误差的处理是否得当，很大程度上取决于测量者的知识水平、工作经验和实验技巧。

为了尽量减小或消除系统误差对测量结果的影响，测量之前必须尽可能预见一切可能产生系统误差的来源，并设法消除它们或尽量减弱其影响。例如，测量前对仪器本身性能进行检查，必要时送计量部门鉴定，取得修正曲线或表格；使仪器的环境条件和安装位置符合技术要求的规定；在使用前对仪器进行正确的调整；严格检查和分析测量方法是否正确。在实际测量中，可采用以下一些测量方法来消除或减小系统误差。

（1）对称测量法：改变测量中的某些条件（如测量方向、被测量位置等），保持其他条件不变，对称地分别对同一已知量进行测量，使前、后两次测量结果的误差符号相反，取其平均值以消除系统误差。如等臂天平臂长不一致引起的系统误差；千分卡的空行程引起的系统误差就可用对称测量法消除。

（2）补偿法：在测量过程中，由于某个条件的变化或仪器某个环节的非线性特性都可能引入系统误差，此时可在测量系统中采取补偿措施，自动消除系统误差。例如热电偶测温时，冷端温度的变化会引起变值系统误差，在测量系统中采用补偿电桥，就可以起到自动补偿作用。

（3）替代法：替代法要求进行两次测量。第一次对被测量进行测量，达到平衡后，在不改变测量条件情况下，立即用一个已知标准值替代被测量。如果测量装置还能达到平衡，则被测量就等于已知标准值。如果不能达到平衡，修整使之平衡，这时可得到被测量与标准值的差值，即：被测量＝标准值－差值。

通常，用精密度表示随机误差的大小，随机误差大，测量结果分散，精密度低；反之，测量结果的重复性好，精密度高。用准确度表示系统误差的大小，系统误差大，测量结果整体偏差大，准确度低；反之，测量结果的整体偏差小，准确度高。精确度是测量的精密度和准确度的综合反映，精确度高意味着随机误差和系统误差都很小，精确度有时简称为精度（如1－15所示）。

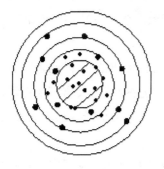 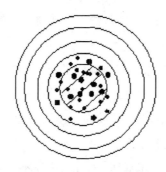 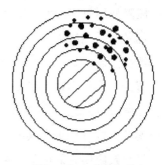

(a)系统误差小，准确度高，　　(b)系统误差大，准确度低，　　(c)系统误差、随机误差都
随机误差大，精密度低　　　　随机误差小，精密度高　　　　较小，准确度和精密度
都较低，即精确度高

图1－15　精密度、准确度和精确度示意图

1.7.3　如何提高测量灵敏度

一般情况下，检测系统所检测的被测量信号都是非常微弱的，必须通过专门的电路来测量，其中最常用的电路就是电桥电路，如图1－16所示。该电路由4个电阻组成桥臂，U为输入电压，U_0为输出电压。如果电桥中只有一个臂接入被测量，其他三个臂采用固定电阻，则被称为单臂电桥；如果电桥中有两个臂接入被测量，其他两个臂采用固定电阻，则被称为双臂电桥或半桥；如果四个臂都接入被测量，则被称全桥。当四臂电阻 $R_1 = R_2 = R_3 = R_4 = R$ 时，称为等臂电桥。当 $R_1 = R_2 = R$，$R_3 = R_4 = R' \neq R$ 时，称为输出对称电桥。

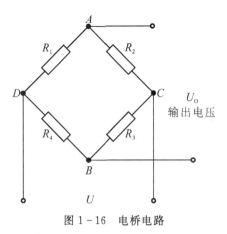

图 1-16 电桥电路

在具体应用中,电桥的输出端一般直接接放大器,由于放大器输入阻抗很高,此时电桥的输出电压为电桥输出端的开路电压,即

$$U_O = \frac{R_1 R_3 - R_2 R_4}{(R_1 + R_2)(R_3 + R_4)} U \tag{1.14}$$

此外,电桥在使用过程中首先调至平衡状态,输出电压 $U_O = 0$,即 $R_1 R_3 = R_2 R_4$,可得 $\frac{R_1}{R_2} = \frac{R_4}{R_3} = n$。如果电桥为单臂电桥时,假设 R_1 为相应传感器以检测被测量。在测量时,R_1 的电阻值会产生变化,即 ΔR_1,此时电桥不再平衡,即输出电压 $U_O \neq 0$,通过式(1.14)可得

$$U_O = \frac{R_1 R_3}{(R_1 + R_2 + \Delta R_1)(R_3 + R_4)} \cdot \frac{\Delta R_1}{R_1} \cdot U \tag{1.15}$$

由于通常情况下 $\Delta R_1 \ll R_1$,故式(1.15)可以简化为

$$U_O = \frac{R_1 R_3}{(R_1 + R_2)(R_3 + R_4)} \cdot \frac{\Delta R_1}{R_1} \cdot U = \frac{n}{(1 + n)^2} \cdot \frac{\Delta R_1}{R_1} \cdot U \tag{1.16}$$

如果电桥为输出对称电桥($R_1 = R_2 = R$、$R_3 = R_4 = R' \neq R$)或等臂电桥($R_1 = R_2 = R_3 = R_4 = R$)时,则式(1.16)可以进一步简化为

$$U_O = \frac{U}{4} \cdot \frac{\Delta R}{R} \tag{1.17}$$

在实际使用中,为了进一步提高电桥灵敏度,常采用等臂全桥,即 4 个被测信号连接成两个差动对称的全桥工作形式,如图 1-17 所示。当电桥工作时,$R_1 = R_3 = R + \Delta R$,$R_2 = R_4 = R - \Delta R$,则式(1.14)可以简化为

$$U_O = U \cdot \frac{\Delta R}{R} \tag{1.18}$$

对比式(1.17)式(1.18)可以看出,由于充分利用了双差动的全桥电路,其输出电压为单臂电桥输出电压的 4 倍,大大提高了测量的灵敏度。

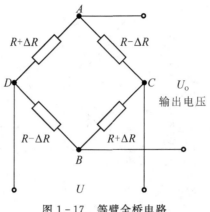

图 1 - 17　等臂全桥电路

当组成电桥的器件不完全为电阻,还存在电感、电容时,该电路被称为交流电桥,如图 1 - 18 所示。交流电桥通常采用正弦交流电压供电,其平衡条件为 $Z_1 Z_4 = Z_2 Z_3$ 。

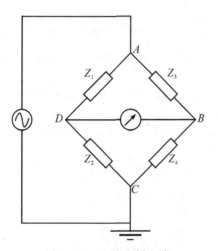

图 1 - 18　交流电桥电路

由于交流电桥电源为交流电压,因此输出电压也为交流信号,电压的幅值和被测量的大小成正比。因此,该电桥可以通过输出电压的幅值测量被测量的大小,通过输出的交流电压来判断被测量的变化方向。

对于一个微弱的被测量信号,在测量过程中通过电桥、差动等技术可以提高整个检测系统的灵敏度,但是微弱信号的后续处理依然比较困难,通常需要采用信号放大电路对微弱信号进行放大。最基本的信号放大电路为反向放大电路和同向放大电路,如图 1 - 19 所示。图中 u_I 为传感器输入的电压,u_O 为放大后的输出电压。对于基本的反向放大电路,$u_{O反}$ 计算式为

$$u_{O反} = -\frac{R_f}{R} u_I \tag{1.19}$$

对于基本的同向放大电路,$u_{O同}$ 的计算式为

$$u_{O同} = \left(1 + \frac{R_f}{R'}\right)u_1 \tag{1.20}$$

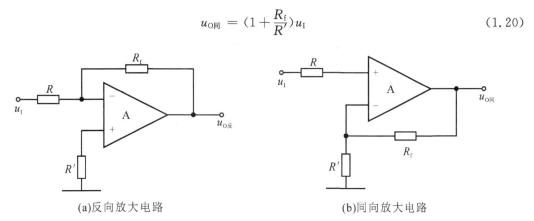

(a)反向放大电路　　　　　　　(b)同向放大电路

图 1 - 19　基本运放放大电路

由于传感器通常工作在较为恶劣的环境中,在其两个输出端经常会出现较大的干扰信号,很多时候是完全相同的干扰信号,这种情况被称为共模干扰。由于基本运放放大电路的电路结构不对称,抵御共模干扰的能力较差,因此多采用运算放大器的差动接法,从比较大的共模信号中检出差模信号并加以放大。经典的测量放大电路通常由三个运算放大器构成,也称为仪表放大器,如图 1 - 20 所示。

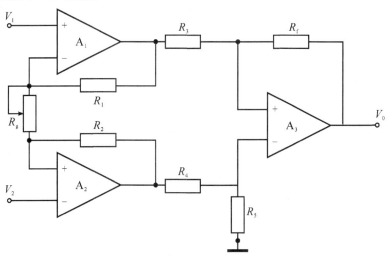

图 1 - 20　基本测量放大电路

仪表放大器的两个差动输入端 V_1 和 V_2 分别是两个运算放大器 A_1、A_2 的同相输入端和反相输入端,因此输入阻抗较高。电路采用对称电路结构,而且被测信号直接加入到输入端上,从而保证了较强的抑制共模信号的能力。A_3 一般设计为差动跟随器,其增益近似为 1,用于降低电路的输出阻抗。若 $R_2 = R_1$,$R_4 = R_3$,$R_5 = R_f$,则该电路的电压放大倍数为

$$V_0 = \frac{R_f}{R_3}\left(1 + \frac{2R_1}{R_g}\right)(V_1 - V_2) \tag{1.21}$$

仪表放大器具有输入阻抗高,增益调节方便,漂移相互补偿及不包含共模信号等一系列优点,因此在高精度、低电平的信号放大方面应用很广。

项目 1 小结

本项目主要讲了传感器的概念、分类、命名方式以及传感器的主要性能指标,什么是检测技术和如何衡量测量结果的好坏。项目学习的重点在于传感器的概念理解、传感器的主要性能指标分析及如何通过不同的误差来衡量测量结果的好坏等。本项目学习内容理论性较强,但是相互之间具有较明显的内在逻辑联系,在学习过程中,要通过该逻辑联系将本项目学习内容串联起来,深入理解。

➡ 课后习题

一、判断题

1.若将计算机比喻成人的大脑,那么传感器则可以比喻成人的感觉器官。　　　　　(　　)

2.传感器的输出不会受到环境温度改变的影响。　　　　　(　　)

3.传感器灵敏度就是传感器静态特性曲线的斜率。　　　　　(　　)

4.传感器的静态标定可以通过精度高一级的标准器具进行定度。　　　　　(　　)

5.测量结果的好坏,在很大程度上取决于传感器的选用是否合理。　　　　　(　　)

6.平均值就是真值。　　　　　(　　)

7.间接测量比直接测量方法多、精度高,因此测量过程中尽量采用间接测量。　　　　　(　　)

8.测量不确定度是随机误差与系统误差的综合。　　　　　(　　)

二、选择题

1.下列不属于按传感器的工作原理进行分类的传感器是(　　　)。

　　A.应变式传感器　　　B.加速度传感器　　　C.压电式传感器　　　D.热电式传感器

2.传感器能感知的输入变化量越小,表示传感器的(　　　)。

　　A.线性度越好　　　B.迟滞越小　　　C.重复性越好　　　D.分辨力越高

3.表述传感器在相同条件、长时间内输入/输出特性不发生变化之能力的评价指标是(　　　)。

　　A.工作寿命　　　B.稳定时间　　　C.稳定性　　　D.温度漂移

4.传感器的下列指标全部属于静态特性的有(　　　)。

　　A.线性度、灵敏度　　B.幅频特性、迟滞　　C.阶跃特性、漂移　　D.分辨率、固有频率

5.在某个传感器上有"C ZS - HE"的符号,其中 ZS 是表示(　　　)。

　　A.该传感器的精度等级 ZS 级　　　　　B.该传感器的功能是测转速

　　C.该传感器的测量原理是压阻　　　　　D.该传感器的生产代号是 ZS

6.某位移传感器,当输入量变化 300 mm 时,输出电压变化 5 mV,其灵敏度为(　　　)。

　　A.1/60　　　　　　　　　　　　　B.1/60(mV/mm)

　　C.60　　　　　　　　　　　　　　D.60(mm/mV)

7. 有一台测量仪表,测量范围为 $-700 \sim 800 \, ℃$,精度等级为 1.0 级,现用它测量 750 ℃ 的温度,则该仪表引起的最大相对误差为(   )。

    A. 0.5%   B. 1%   C. 2%   D. 5%

8. 待测拉力为 70 N,先有两只测力仪表,A 表为 0.5 级,测量范围为 $0 \sim 500 \, N$;B 表为 1.0 级,测量范围为 $0 \sim 100 \, N$。问选用哪一只测力仪表较好。(   )

    A. A 表   B. B 表

    C. A 表与 B 表测量准确度一样   D. 无法判断

9. 以下测量方法中属于零位式测量的有(   )。

    A. 天平测物体质量   B. 体重计测体重

    C. 倒车雷达测距离   D. 体温计测体温

10. 在误差分类中,下列不属于同一类的是(   )

    A. 相对误差   B. 绝对误差   C. 引用误差   D. 系统误差

项目 2　温度是如何检测的

2.1　什么是温度检测及其分类

2.1.1　什么是温度检测

从宏观角度描述,温度是表征物体冷热程度的物理量;从微观角度来说,温度是大量物体分子热运动剧烈程度的集中表现。自然界中的一切变化过程无不与温度密切联系。

温度检测就是通过相应的传感器来获取物体的冷热信息。由于温度和人类社会的生产生活密切关系,因此从工业炉温设定、四季气温预报到人体体温测量,从太空探索、海洋分析到家电运行,在各个技术领域都离不开温度的检测。如图 2-1 所示为生产生活中的温度检测设备。

(a)烘箱　　　　　　　　　(b)恒温电烙铁　　　　　　　　(c)测温仪

图 2-1　生产生活中的温度检测设备

在各类传感器中,测温传感器是应用最为广泛的一种。测温传感器是一种将温度变化转换为相应电学量变化的装置。温度检测总体上可以分为接触式与非接触式两大类。接触式温度检测是基于热平衡原理进行的,即两个冷热程度不同的物体相互接触就会发生热交换,直到达成统一的温度,因此接触式测温传感器可以直接获知物体温度值。非接触温度检测是基于热辐射原理进行的,即自然界中任何物体只要其温度在绝对零度以上,就会不断地向周围空间辐射能量,温度越高,辐射能量就越多,因此通过相应传感器检测物体所辐射出的能量多少即可获知物体温度。

2.1.2　什么是温标

温标是衡量温度高低的数值表示方法,是一套度量物体温度数值的标准制度。温标的建立是为了保证温度度量值的统一,以便在各种温度应用领域进行比较与交流。温标的构建主要包含两个内容:一是规定该温标下温度读数的起点位置,即温度零度的位置;二是规定该温标下温度的单位变化量,即该温标下温度变化了多少为变化 1 个单位变化量。目前世界上主要使用的温标有摄氏温标、华氏温标、热力学温标和国际温标等几类。

1. 摄氏温标

摄氏温标是把在标准大气压下纯水的冰点定为 0 摄氏度,把水的沸点定为 100 摄氏度的温标。同时,在 0 摄氏度到 100 摄氏度之间进行 100 等分,每一等分为 1 摄氏度,单位为摄氏度(符号℃)。摄氏温标是目前世界上使用最广泛的一种温标,摄氏度是国际标准温度单位。

2. 华氏温标

1714 年,德国物理学家丹尼尔将冰与盐混和后所能达到的最低温度定为 0 华氏度,而概略地将人体温度定为 100 华氏度,两者间进行 100 等分,每一等分为 1 华氏度。后来,人们规定标准大气压下的纯水的冰点温度为 32 华氏度,水的沸点定为 212 华氏度,中间划分 180 等份,每一等分称为 1 华氏度,单位为华氏度(符号℉)。因此,摄氏温标与华氏温标的换算公式为

$$C = \frac{5}{9}(F - 32) \tag{2.1}$$

式中,C 表示摄氏度值;F 表示华氏度值。目前,华氏温标在欧美地区使用比较普遍。

3. 热力学温标

1848 年威廉·汤姆首先提出以热力学第二定律为基础,建立仅与热量有关而与物质无关的热力学温标,又称为开尔文温标、绝对温标。它以热量不存在、分子停止运动时的温度为绝对温度,利用卡诺热机来标定刻度,用符号 T 表示,单位为开尔文(符号 K)。实验表明,从绝对零度算起,水的冰点温度为 273.15 K,水的沸点温度为 373.15 K,因此

$$T = C + 273.15 \tag{2.2}$$

式中,C 表示摄氏度值;T 表示热力学温标值。

4. 国际(实用)温标

热力学温标所标定出的温度数值,与测温物质的性质无关,因此热力学温标是最科学的温标。但由于热力学温标要求用来测量温度的理想气体实际上并不存在,故只能用真实气体替代。在用该类气体温度计测量温度时,要对其读数进行许多修正,操作非常繁杂、困难,因此产生了协议性的国际(实用)温标。

国际(实用)温标以热力学温度为基础,将分子停止运动时的温度规定为绝对零度,同时以一些可复现的物质平衡态的温度指定值(如水的三相点温度——0.01 ℃)为固定点,然后通过相应内插公式来确定这些固定点之间的温度,由此复现热力学温标。国际(实用)温标的单位同样为开尔文(符号 K)。目前,国际(实用)温标定义水三相点的热力学温度为 273.16 K,变量符号为 T_{90},即

$$T_{90} = C + 273.16 \tag{2.3}$$

式中,C 表示摄氏度值;T_{90} 表示国际(实用)温标值。

2.1.3　如何分类温度检测

温度检测传感器种类繁多,有将温度变化转换为电阻变化的热电阻、热敏电阻等;将温度变化转换为电势差的热电偶等;将热辐射转换为电学量的热释电探测器等;另外还有集成温度

传感器、光纤温度传感器、智能温度传感器等。从测量原理上来分,常见的温度传感器主要可以分为膨胀式、电阻式、电偶式、集成式和辐射式,其中前四类属于接触式温度传感器,采用热平衡原理进行测温;辐射式属于非接触式温度传感器,采用热辐射原理进行测温。如图2-2所示。

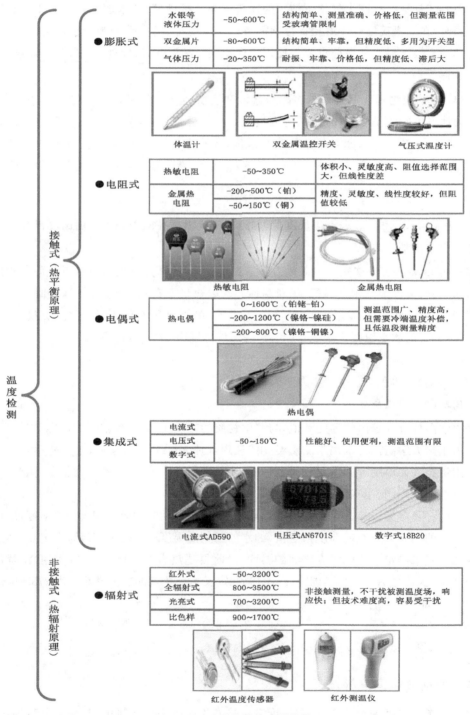

图2-2　温度检测传感器分类

2.2 突跳温控开关是如何测温的

2.2.1 什么是突跳式温控开关

突跳式温控开关是小型带外壳的双金属片温控开关,属温控继电器类器件,广泛应用于饮水机、热水器、洗碗机、干燥机、消毒柜、微波炉、电热咖啡壶、电煮锅、汽车座位加热器等电热器具,其外形如图 2-3 所示。

图 2-3 突跳温控开关实物图

突跳式温控开关是利用碟形双金属片作为感温组件的温控开关。电器正常工作时,双金属片处于自由状态,触点处于闭合/断开状态。当温度达到动作温度时,双金属片受热且由于内部两块金属热胀冷缩系数不同而产生侧向内应力并迅速动作,打开/闭合触点,切断/接通电路,从而起到控温作用,如图 2-4 所示。当电器冷却到复位温度时,触点自动闭合/打开,恢复正常工作状态。突跳式温控开关工作温度固定,无须也无法调整,其具有动作可靠、电弧小、使用寿命长、无线电干扰少等优点。

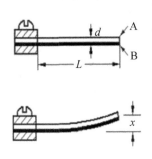

(a)双金属片工作原理

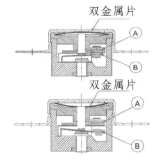

(b)突跳温控开关内部示意图

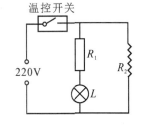

(c)突跳温控开关工作电路

图 2-4 突跳温控开关工作示意图

2.2.2 如何选择突跳温控开关

突跳温控开关的选用主要考虑复位形式、突跳温度、最大工作电压和电流等。其中,突跳温度变化常以 5 ℃间隔为 1 挡,如 95 ℃、100 ℃、105 ℃等。下面以常见的 KSD30X 系列突跳温控为例。

1.复位形式

(1)KSD301 系列为突跳式,塑料(电木)为主体,自动复位形式。

(2)KSD302 系列为突跳式,陶瓷为主体,自动复位形式。

(3)KSD303 系列为突跳式,塑料(电木)为主体,手动复位形式。

(4)KSD304 系列为突跳式,塑料(电木)为主体,双触点自动复位形式。

(5)KSD305 系列为突跳式,塑料(电木)为主体,双触点自动复位形式。

2.突跳温度选择范围

(1)KSD301～KSD303 系列:−20～210 ℃。

(2)KSD304、KSD305 系列:50～145 ℃。

3.电器额定性能

(1)KSD301～KSD303 系列:AC 250 V 5 A、AC 120 V 7 A(阻性负载)、AC 250 V 10 A(阻性负载)。

(2)KSD304、KSD305 系列:AC 250 V40A(阻性负载)。

通常突跳温控开关型号、突跳温度、最大工作电压和电流会印制在元件顶端,如图 2−5 所示。其中图 2−5(a)为 KSD301 型突跳温控开关,突跳温度为 50 ℃、最大工作电压为 AC 220 V,最大工作电流为 5 A;图 2−5(b)和图 2−5(c)分别为 KSD304 和 KSD305 型突跳开关,最大电压、最大电流、突跳温度均为 250 V、40 A 和 95 ℃,但两者外形不同。图 2−5(d)中为两个不同的 KSD9700 型突跳开关,突跳温度、最大工作电压、最大工作电流分别为 70 ℃、250 V、5 A 和 50 ℃、250 V、5 A。

(a)KSD301型突跳温控开关　(b)KSD304型突跳温控开关　(c)KSD305型突跳温控开关　(d)KSD9700型突跳温控开关

图 2−5　突跳温控开关具体参数

2.2.3 如何使用突跳温控开关

突跳温控开关应用电路相对简单,如图 2−6 所示为非保温式电热水壶原理图,图中 SA 为蒸汽自动开关,ST 为突跳温控开关,FU 为热熔断丝。电热水壶接通电源后,闭合蒸汽自动开关 SA,则电源 L→蒸汽自动开关 SA→温控器 ST→热熔断器→加热盘→电源 N 形成了回路,加热盘开始加热,指示灯并联在加热盘上,于是指示灯点亮。当水开后,蒸汽自动开关 SA

断电,指示灯熄灭,电热水壶停止加热。在此电路中,温控开关作为一个电路保护装置用于防止干烧。常温状态下,温控器闭合,保证电路能够导通,当第一道蒸汽自动断电失效后,水会持续被加热直到烧干,这时壶身温度会超过 100 ℃,温控器上双金属片受热变形推动触点断开。

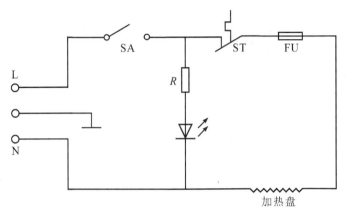

图 2-6　非保温式电热水壶原理图

在突跳温控开关使用过程中还需要注意:

(1)温控开关在使用的过程中应避免受潮和污染,否则会影响产品的电气性能;建议温控开关工作环境的相对湿度≤90%,无腐蚀性、可燃性介质接触。

(2)安装时应注意绝对不允许感温面变形,不可把封盖顶部压塌或使其变形,以免影响产品的温度性能和电气性能。

(3)安装时,应使感温面均匀接触控温部位且受力均匀,使其感温稳定;温控开关采用接触感温时,应使封盖贴紧被控器具的安装面,并在封盖感温表面涂上导热硅脂或其他性能类似的导热介质。

(4)安装中不能大力弯折接线端子,并使端子连线接触良好,否则会影响电气接触可靠性。

(5)温控开关的实际工作电压和工作电流应不大于其标称额定电压和额定电流。

(6)温控开关产品主体有电木座和陶瓷座两种,电木耐温性能可达到 200 ℃,建议安装在最高温度不超过 180 ℃的环境中使用;陶瓷主体采用 95 电子陶瓷,具有更高的耐温性和电气性能,当电器环境温度较高时建议使用陶瓷主体温控开关,但最高温度不应超过 300 ℃,防止弹片因温度过高而失去弹性。

2.3　热敏电阻是如何测温的

2.3.1　什么是热敏电阻

在测温系统中,利用感温材料把温度变化转化为电阻变化的传感器主要有半导体热电阻式传感器和金属热电阻式传感器两大类,前者简称热敏电阻,后者简称热电阻(见 2.4 节)。

热敏电阻是利用半导体材料的电阻率随温度变化而变化性质制成的。一般采用某种金属氧化物为基体原料,加入一些添加剂,然后采用陶瓷工艺制成具有半导体特性的电阻器,其电阻温度系数比金属热电阻大很多,故被称为热敏电阻,测量温度范围为－50～350 ℃。热敏电阻灵敏度高、阻值范围宽、体积小(最小直径仅为 0.2 mm),工艺结构简单,便于工业化生产,因而成本较低,应用广泛;但其也有线性度差、互换性差(同型号有 3‰～5‰ 的误差)等缺点,故使用范围也受到一定限制。常见的热敏电阻如图 2-7 所示。

(a)普通热敏电阻

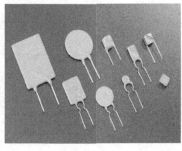
(b)自恢复保险丝热敏电阻

(c)薄膜热敏电阻

(d)玻封热敏电阻

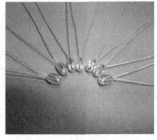
(e)单端玻封热敏电阻

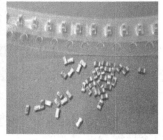
(f)贴片热敏电阻

图 2-7 常见的热敏电阻

热敏电阻的温度系数有正有负,按照温度系数的不同,热敏电阻可分为负温度系数、正温度系数和临界温度系数三类,其温度特性曲线如图 2-8 所示。

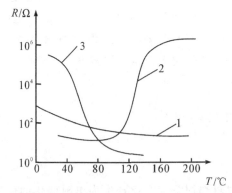

1—负温度系数;2—正温度系数;3—临界温度系数。
图 2-8 三种热敏电阻的温度-电阻特性曲线图

负温度系数热敏电阻的电阻率 ρ 随温度增加比较均匀地减小,主要用于温度测量与补偿。

正温度系数热敏电阻是一种新型测温元件,电阻率 ρ 随温度增加而增加,在电子线路中多起限流、保护等作用。

临界温度系数热敏电阻其实也属于负温度系数热敏电阻的一种,其电阻率 ρ 同样随温度的增加而减小,但当温度超过某一值时,电阻率发生急剧变化。根据这一开关特性,临界温度系数热敏电阻主要用于在某一较狭窄温度范围内做温度控制开关或起监测作用。

2.3.2　如何选择热敏电阻

选用热敏电阻除了要考虑结构、尺寸及测温范围外,还要重点考虑的主要参数有以下几种:

(1)标称电阻 R_{25}:标称电阻是热敏电阻在 25 ℃时零功率状态下的阻值,又称冷电阻,单位为 Ω,其大小取决于热敏电阻的材料和几何尺寸。

(2)温度系数 α_T:温度系数是用于描述温度的变化引起电阻变化的参数。即在规定的温度下,单位温度变化使热敏电阻阻值变化的相对值,用下式表示

$$\alpha_T = \frac{1}{R_T} \cdot \frac{\mathrm{d}R_T}{\mathrm{d}T} \times 100\% \tag{2.4}$$

式中,α_T 决定了热敏电阻在全部工作范围内对温度的灵敏度,单位为%/℃。

(3)材料常数 B:材料常数是描述热敏电阻材料物理特性的参数,也是其热灵敏度指标。热敏电阻的 B 值越大,表示热敏电阻器的灵敏度越高,温度系数越大($\alpha_T = B/T^2$)。热敏电阻的材料常数由其配方和烧结温度决定,有唯一性。因此,在实际应用过程中,通常生产厂家会给出一个由标称电阻 R_{25} 和材料常数 B 确定的热敏电阻温度阻值对应表(见表 2-1),由该表指导热敏电阻的使用。

表 2-1　热敏电阻温度阻值对应表(部分)

MF52 热敏电阻温度阻值对照表 $R(25℃)=10\ \mathrm{k\Omega}, B(25℃/50℃)=3470\ \mathrm{k}$							
$T/℃$	$R/\mathrm{k\Omega}$	$T/℃$	$R/\mathrm{k\Omega}$	$T/℃$	$R/\mathrm{k\Omega}$	$T/℃$	$R/\mathrm{k\Omega}$
−40	190.5562	0	28.0170	40	5.7340	80	1.5860
−39	183.4132	1	26.8255	41	5.5406	81	1.5458
−38	175.6740	2	25.6972	42	5.3534	82	1.5075
−37	167.6467	3	24.6290	43	5.1725	83	1.4707
−36	159.5647	4	23.6176	44	4.9976	84	1.4352
−35	151.5975	5	22.6597	45	4.8286	85	1.4006
−34	143.8624	6	21.7522	46	4.6652	86	1.3669
−33	136.4361	7	20.8916	47	4.5073	87	1.3337
−32	129.3641	8	20.0749	48	4.3548	88	1.3009
−31	122.6678	9	19.2988	49	4.2075	89	1.2684
−30	116.3519	10	18.5600	50	4.0650	90	1.2360
−29	110.4098	11	18.4818	51	3.9271	91	1.2037
−28	104.8272	12	18.1489	52	3.7936	92	1.1714

MF52 热敏电阻温度阻值对照表							
$R(25℃)=10\ k\Omega, B(25℃/50℃)=3470\ k$							
$T/℃$	$R/k\Omega$	$T/℃$	$R/k\Omega$	$T/℃$	$R/k\Omega$	$T/℃$	$R/k\Omega$
−27	99.5847	13	17.6316	53	3.6639	93	1.1390
−26	94.6608	14	16.9917	54	3.5377	94	1.1067
−25	90.0326	15	16.2797	55	3.4146	95	1.0744
−24	85.6778	16	15.5350	56	3.2939	96	1.0422
−23	81.5747	17	14.7867	57	3.1752	97	1.0104
−22	77.7031	18	14.0551	58	3.0579	98	0.9789
−21	74.0442	19	13.3536	59	2.9414	99	0.9481
−20	70.5811	20	12.6900	60	2.8250	100	0.9180
−19	67.2987	21	12.0684	61	2.7762	101	0.8889
−18	64.1834	22	11.4900	62	2.7179	102	0.8349
−17	61.2233	23	10.9539	63	2.6523	103	0.8099
−16	58.4080	24	10.4582	64	2.5817	104	0.7870
−15	55.7284	25	10.0000	65	2.5076	105	0.7665
−14	53.1766	26	9.5762	66	2.4319	106	0.7485
−13	50.7456	27	9.1835	67	2.3557	107	0.7334
−12	48.4294	28	8.8186	68	2.2803	108	0.7214
...							

(4)时间常数 τ:尽管热敏电阻的几何尺寸可以制作得很小,但它还是有热惯性的。时间常数 τ 就是表征热敏电阻热惯性大小的参数,其数值等于热敏电阻在零功率测量状态下,当环境温度突变时,热敏电阻的阻值从起始值变化到最终变化值的 63% 时所需的时间。

(5)额定功率 P_E:在规定的技术条件下,热敏电阻长期连续工作所允许的最大耗散功率。在实际使用中,热敏电阻消耗的功率不得超过额定功率。

2.3.3　如何使用热敏电阻

热敏电阻具有很多优点,应用范围很广,可用于温度测量、温度补偿、温度控制、过热保护等方面。

1.温度测量

热敏电阻传感器可用于液体、气体、固体的温度测量,它的测温范围一般为 −50～350 ℃。测量温度的热敏电阻一般结构较简单;没有外部保护层的热敏电阻只能应用在干燥的环境;密封的热敏电阻不怕湿气的侵蚀。由于热敏电阻本身电阻值大,故其连接导线的电阻和接触电阻可以忽略。图 2-9 为一个热带鱼鱼缸水温自动控制器电路。

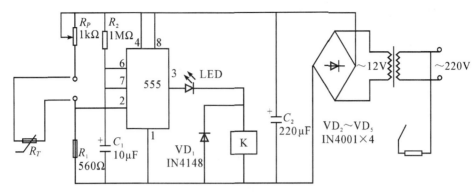

图 2-9　热带鱼鱼缸水温自动控制器电路

该鱼缸水温自动控制器电路采用负温度系数热敏电阻器作为感温探头,通过二极管 $VD_2 \sim VD_5$ 整流、电容器 C_2 滤波后,给电路的控制部分提供了约 12 V 的电压,同时通过一个由 555 芯片构成的单稳态触发器进行加热时间控制。假设控制温度为 T,此时通过调节电位器 R_P 使得 $R_P + R_T$ 的电阻值稍小于 $2R_1$,上电后 2 脚电压大于 $\frac{1}{3}V_{cc}$,鱼缸处于不加热状态,其中 R_T 为负温度系数热敏电阻。当温度低于 T 后,R_t 阻值升高使 555 芯片的 2 脚电压减小,当小于 $\frac{1}{3}V_{cc}$ 后,则 3 脚电压由低电平输出变为高电平输出,继电器 K 导通,触点吸合,加热管开始加热;当水温恢复到 T 时,R_t 阻值依旧变小,555 芯片的 2 脚电压恢复为大于 $\frac{1}{3}V_{cc}$,此时 555 单稳态电路的暂态时间结束,其 3 脚恢复低电平,继电器 K 失电,触点断开,加热停止。在具体电路参数设计中,555 单稳态电路的暂态时间应较小,这样有利于温控精度,适用于各种大小的鱼缸。

一般热敏电阻的阻值较大,因此在使用时采用二线制即可。若需要更精准的测量温度,其测量电路可以采用桥式电式,如图 2-10 所示。

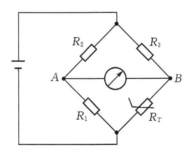

图 2-10　桥式热敏电阻温度测量电路

2.温度补偿

在仪表电路中,有很多元件像线绕电阻一样用金属丝制作。金属丝一般都具有正温度系数,采用负温度系数的热敏电阻进行补偿就能抵消由于温度变化所产生的误差。图2-11是一种典型的温度补偿电路,将负温度系数热敏电阻与电阻温度系数非常小的锰铜丝电阻并联后再与被补偿的元件串联,达到温度补偿的作用。

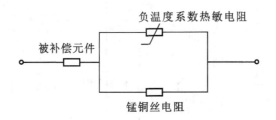

图 2-11 仪表中的温度补偿电路

此外,由于晶体管的主要参数,如电流放大倍数、基极—发射极电压、集电极电流等都与环境温度密切相关,可以利用热敏电阻的温度特性对晶体管电路采取必要的温度补偿措施,以获得较高的稳定性和较广的使用范围。由于采用负温度系数热敏电阻的晶体管温度补偿电路普遍存在高温(一般在 50 ℃以上)补偿不足,输入阻抗随温度升高而下降,功耗较大等缺点,而正温度系数热敏电阻晶体管温度补偿电路能克服上述缺点,扩大了晶体管使用温度范围,因此在晶体管温度补偿电路中常采用正温度系数热敏电阻。

3. 过热保护

将热敏电阻用于过热保护的连接方式有直接保护和间接保护两种。在小电流场合,可把正温度系数热敏电阻直接与被保护器件串联,为直接保护;在大电流场合,可结合继电器、晶体管开关对被保护装置进行保护,为间接保护。这两种方式都必须将正温度系数热敏电阻与被保护对象紧密安装在一起,以保证能充分进行热交换,使得过热保护及时。图 2-12 为正温度系数热敏电阻对变压器的过热直接保护电路。当刚接上电源时,起始电阻 R_T 较小,变压器上电流大,功耗也大,使温度慢慢上升,R_T 随之增加,则电流又开始减小,变压器功耗减小,防止变压器过热。

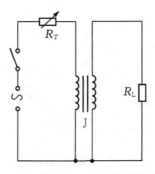

图 2-12 PTC 热敏电阻变压器过热保护电路

需要特别注意的是,为了避免热敏电阻中流过电流的加热效应,在设计电路时,流过热敏电阻的电流不能设计得太高。

2.4　金属热电阻是如何测温的

2.4.1　什么是金属热电阻

金属热电阻是中低温区最常用的一种温度检测传感器,主要有铂电阻、铜电阻和镍电阻等,其中铂电阻和铜电阻最为常见。铂热电阻的测量精确度非常高,不仅广泛应用于工业测温,而且被制成标准的温度基准仪。此外,现在已开始采用锰、铑等材料制造热电阻。金属热电阻是利用金属导体的电阻值随温度的增加而增加这一特性来进行温度测量的。金属热电阻稳定性与互换性好、精度高,主要应用于工业测温,常用于测量 $-200\sim500$ ℃范围内的温度。常见的金属热电阻外形如图 2-13 所示,其中端面热电阻感温元件由特殊处理的电阻丝材绕制;铠装热电阻是由感温元件(电阻体)、引线、绝缘材料、不锈钢套管组合而成的坚实体。

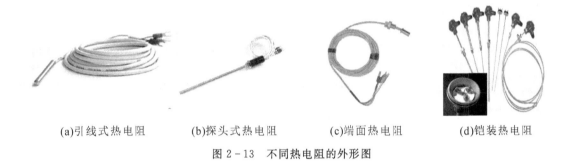

|(a)引线式热电阻|(b)探头式热电阻|(c)端面热电阻|(d)铠装热电阻|

图 2-13　不同热电阻的外形图

由于大多数金属导体的电阻具有温度变化的特性,因此金属导体可以用来测量温度,其特性方程如下

$$R_t = R_0[1 + \alpha(t - t_0)] \tag{2.5}$$

式中,R_t 表示任意绝对温度 t 时金属的电阻值;R_0 表示基准状态 t_0 时电阻值;α 是热电阻温度系数。对于绝大多数金属导体,α 并不是一个常数,而是有关温度的函数,但在一定的温度范围内,可近似地看成一个常数。一般选作感温电阻的材料应满足以下要求:

(1)电阻温度系数 α 要高,这样在同样条件下可加快热响应速度,提高灵敏度。通常纯金属的温度系数比合金大,所以一般采用纯金属材料。

(2)在测温范围内,化学、物理性能稳定,以保证热电阻的测温准确性。

(3)具有良好的输出特性,即在测温范围内电阻与温度之间必须有线性或接近线性的关系。

(4)具有比较高的电阻值,以减小热电阻的体积和重量。

(5)具有良好的可加工性,且价格便宜。

比较适合作金属热电阻的材料有铂、铜、镍等。它们的电阻随温度的升高而增大,具有正温度系数。如图 2-14 所示为几种常见金属热电阻的温度特性,由该图可以看出,热电阻传感

器的线性度指标非常好,但测温灵敏度不是特别高。同时,由于金属热电阻需要外加电源,因此测量温度不能太高,常用于测量 $-200\sim500\ ^\circ\mathrm{C}$ 范围内的温度。

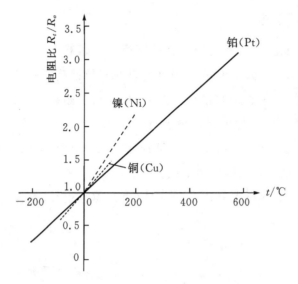

图 2-14　几种金属的温度特性曲线

热电阻一般由电阻体、绝缘套管和连接盒等 3 部分组成,其结构如图 2-15 所示。电阻体的主要组成部分为电阻丝、引出线、骨架等。

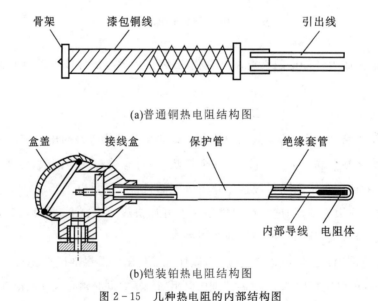

(a)普通铜热电阻结构图

(b)铠装铂热电阻结构图

图 2-15　几种热电阻的内部结构图

2.4.2　如何选择金属热电阻

选用热电阻主要需要考虑其材料、阻值,同时还要考虑其外形结构,不同的热电阻主要通过分度号来区分。

1. 铂热电阻

金属铂的物理、化学性能稳定,是目前制造热电阻的最佳材料。铂丝的电阻值与温度之间的关系可以近似表示如下:

在 $-190 \sim 0$ ℃ 范围内为

$$R_t = R_0 [1 + At + Bt^2 + C(t - 100)t^3] \tag{2.6}$$

在 $0 \sim 630.755$ ℃ 范围内为

$$R_t = R_0 [1 + At - Bt^2] \tag{2.7}$$

式中,R_t、R_0 分别是温度为 t ℃ 和 t_0 ℃ 时的电阻值;A、B、C 分别是常数。由于铂为贵金属,因此一般用于高精度工业测量。铂电阻主要作为标准电阻温度计,广泛应用于温度的测量基准,是目前测温重现性最好的温度计。

目前工业上使用的标准铂电阻的分度号为 Pt100、Pt500、Pt1000 等,它们的阻值分别为 100 Ω、500 Ω、1 kΩ 等。

2. 铜热电阻

铜电阻的温度系数比铂大,价格低,而且易提纯,但其存在电阻率小、机械强度差、易氧化等缺点。测量精度和测量范围较小时通常采用铜电阻。

铜电阻在 $-50 \sim 150$ ℃ 范围内性能稳定,阻值与温度关系几乎是线性,可表示为

$$R_t = R_0 [1 + \alpha(t - t_0)] \tag{2.8}$$

式中,R_t、R_0 分别是温度为 t ℃ 和 t_0 ℃ 时的电阻值;α 为 t_0 ℃ 时的温度系数。

目前工业上使用的标准铜热电阻有分度号为 Cu50 和 Cu100,它们的 R_0 阻值分别为 50 Ω、100 Ω。

3. 其他热电阻

金属镍比铂和铜的电阻温度系数高,电阻率也较大,故可做成体积小、灵敏度高的电阻温度计。其缺点是易氧化,不易提纯,且电阻值与温度的关系是非线性的,仅用于测量 $-50 \sim 100$ ℃ 范围内的温度,目前应用较少。

由于铂、铜热电阻不适宜用作超低温测量,因而近年来一些新颖热电阻相继被采用。钢电阻适宜在 $-269 \sim -258$ ℃ 范围内使用,其测量精度高,灵敏度很高,是铂电阻的 10 倍,但重现性差;锰电阻适宜在 $-271 \sim -210$ ℃ 范围内使用,其灵敏度高,但脆性高、易损坏;碳电阻适宜在 $-273 \sim -268.5$ ℃ 范围内使用,其热容量小、灵敏度高、价格低廉、操作简便,但是热稳定性较差。

在实际应用过程中,通常生产厂家会给出一个由分度号决定的热电阻温度阻值对应表,称为分度表,见表 2-2。分度表是用来反映热电阻在测量范围内温度变化对应电阻值变化的标准数列,可由该表指导热电阻的使用。

表 2－2　热电阻 Pt100 分度表（部分）

Pt100 热电阻分度表									
温度 /℃	0	1	2	3	4	5	6	7	8	9
	电阻值/Ω									
－200	18.52	—	—	—	—	—	—	—	—	—
－190	22.83	22.40	21.97	21.54	21.11	20.68	20.25	19.82	19.38	18.95
－180	27.10	26.67	26.24	25.82	25.82	24.97	24.54	24.11	23.68	23.25
－170	31.34	30.91	30.49	30.07	29.64	29.22	28.80	28.37	27.95	27.52
－160	35.54	35.12	34.70	34.28	33.86	33.44	33.02	32.60	32.18	31.76
－150	39.72	39.31	38.89	38.47	38.05	37.64	37.22	36.80	36.38	35.96
－140	43.88	43.46	43.05	42.63	42.22	41.80	41.39	40.97	40.56	40.14
－130	48.00	47.59	47.18	46.77	46.36	45.94	45.12	44.70	44.70	44.29
－120	52.11	51.29	51.29	50.88	50.47	49.65	49.24	48.83	48.83	48.42
－110	56.19	55.79	55.38	54.97	54.56	53.75	53.34	52.93	52.93	52.52
－100	60.26	59.85	59.44	59.04	58.63	58.23	57.41	57.01	57.01	56.60
－90	64.30	63.90	63.49	63.09	62.68	62.28	61.88	61.47	61.07	60.66
－80	68.33	67.92	67.52	67.12	66.72	66.31	65.91	65.51	65.11	64.70
－70	72.33	71.93	71.53	71.13	70.73	70.33	69.93	69.53	69.13	68.73
－60	76.33	75.93	75.53	75.13	74.73	74.33	73.93	73.53	73.13	72.73
－50	80.31	79.91	79.51	79.11	78.72	78.72	77.92	77.12	77.12	76.73
－40	84.27	83.87	83.48	83.08	82.69	82.29	81.89	81.50	81.10	80.70
－30	88.22	87.83	87.43	87.04	86.64	86.25	85.85	85.46	85.06	84.67
－20	92.16	91.77	91.37	90.98	90.59	90.19	89.90	89.40	89.01	88.62
－10	96.09	95.69	95.30	94.91	94.12	94.12	93.73	93.34	92.95	92.55
0	100.00	99.61	98.83	98.44	98.04	98.04	97.65	97.26	96.87	96.48
0	100.00	100.39	100.78	101.17	101.56	101.95	102.34	102.73	103.12	103.51
10	103.90	104.29	104.68	105.07	105.46	105.85	106.24	106.24	107.02	107.40
20	107.79	108.18	108.57	108.96	109.35	109.73	110.12	110.51	110.90	111.29
30	111.67	112.06	112.45	112.83	113.22	113.61	114.00	114.38	114.77	115.15
40	115.54	115.93	116.31	116.70	117.08	117.47	117.86	118.24	118.63	119.01
50	119.40	119.78	120.17	120.55	120.94	121.32	121.71	122.09	122.47	122.86
60	123.24	123.63	124.01	124.39	124.78	125.16	125.54	125.93	126.31	126.69
70	127.08	127.46	127.84	128.22	128.61	128.99	129.37	129.75	130.13	130.52
80	130.90	131.28	131.66	132.04	132.42	132.80	133.18	133.57	133.95	134.33
90	134.71	135.09	135.47	135.85	136.23	136.99	136.37	137.75	137.75	138.13
100	138.51	138.88	139.26	139.64	140.02	140.40	140.78	141.16	141.54	141.91
110	142.29	142.67	143.05	143.43	143.80	144.18	144.56	144.94	145.31	145.69
120	146.07	146.44	146.82	147.20	147.95	147.95	148.33	148.70	149.08	149.46
130	149.83	150.21	150.58	150.96	151.71	151.08	152.08	152.46	152.83	153.21
140	153.58	153.96	154.33	154.71	155.46	155.46	155.83	156.20	156.58	156.95
150	157.33	157.70	158.07	158.45	158.82	159.19	159.56	159.94	160.31	160.68
160	161.05	161.43	161.80	162.17	162.54	162.91	163.29	163.66	164.03	164.40
170	164.77	165.14	165.51	165.89	166.26	166.63	167.00	167.37	167.74	168.11
	......									

2.4.3　如何使用金属热电阻

由于热电阻传感器温度灵敏度不高,因此其测量电路通常采用电桥电路。同时,由于工业用热电阻安装在生产现场,一般离控制室较远,故需要使用的引线较长。如果测温系统中热电阻采用两线制连接,其热电阻的引线将对测温结果有较大影响,如图 2-16 所示。因此这种引线方式只适用于测量精度较低的场合。

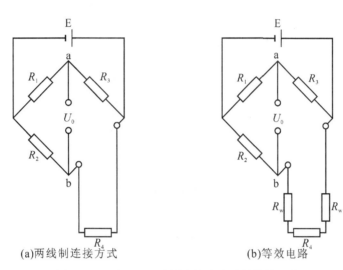

图 2-16　热电阻两线制连接方式及其等效电路

为消除连接引线电阻值随环境温度变化而造成的测量误差,热电阻测温电路常采用三线制接法。三线制接法是指在热电阻根部的一端连接一根引线,另一端连接两根引线,这种方式通常与电桥配套使用,可以较好地消除引线电阻的影响,在工业过程控制中十分常见,如图 2-17所示。采用三线制可以消除连接导线电阻引起的测量误差,这是因为热电阻两线制连接方式的电路是不平衡电桥,热电阻作为电桥的一个桥臂电阻,其连接导线(从热电阻到中控室)也成为桥臂电阻的一部分,这一部分电阻是未知的且随环境温度变化,会造成测量误差。采用三线制后,将一根导线接到电桥的电源端,其余两根分别接到热电阻所在的桥臂及与其相邻的桥臂上,形成一个平衡电桥,消除了导线电阻带来的测量误差。在图 2-13 中可以看到,各种类型的热电阻都具有 3 个接线端口,正是为热电阻三线制接法准备的。

除了两线制、三线制以外,在热电阻的根部两端各连接两根导线的方式称为四线制,如图 2-18 所示。其中两根引线为热电阻提供恒定电流 I,把 R 转换成电压信号 U,再通过另外两根引线把 U 引至二次仪表。这种引线方式可完全消除引线的电阻影响,主要用于高精度的温度检测。

热电阻传感器性能稳定、测量范围宽、精度也高,特别是在低温测量中得到广泛应用。其缺点是需要辅助电源、热容量大,这些缺点限制了其在动态测量中的应用。为避免热电阻中流过电流的加热效应,在设计电桥时,尽量使流过热电阻的电流降低,不会使电阻的温度升高影响测量精度,一般流过电流应小于 10 mA。

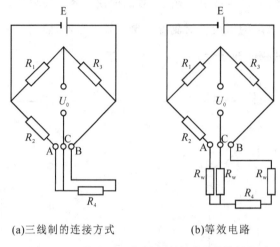

(a)三线制的连接方式   (b)等效电路

图 2－17　热电阻三线制连接方式及其等效电路

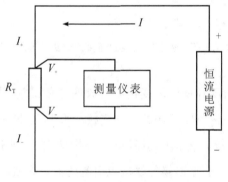

图 2－18　热电阻四线制连接方式

2.5　热电偶是如何测温的

2.5.1　什么是热电偶

热电偶传感器是一种利用导体或半导体的热电效应制成的自发电式传感器,测量时不需要外加电源,直接将被测温度转换成电动势输出。热电偶结构简单、制造方便、精度高、热惯性小,常被用作测量炉子、管道内气体或液体的温度。常用热电偶的测温范围很广,一般为－50～1800 ℃,某些特殊热电偶最低可测－270 ℃,最高可测 2800 ℃。常见热电偶外形如图 2－19 所示。

 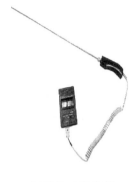 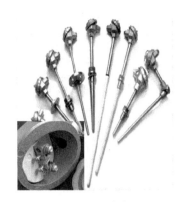

(a)普通热电偶　　　　　　(b)探针式热电偶　　　　　　(c)铠装热电偶

图 2-19　不同热电偶的外形图

热电偶利用热电效应进行温度检测。热电效应即将两种不同的导体或半导体 A、B 端点焊接,构成闭合回路,当 A、B 两个节点端(一端称为工作端、另一端称为参考端或冷端)的温度 T、T_0 不同时,则回路内将产生一个电动势,且该电动势仅与材料 A、B 与温差 $T-T_0$ 相关,被称为热电势(如图 2-20 所示)。热电偶回路产生的热电势由接触电势和温差电势两部分组成。

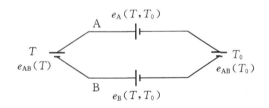

图 2-20　热电偶回路的热电效应

1.接触电势

当 A、B 两种不同导体或半导体接触时,由于两者电子密度 n_A、n_B 不同(假设 $n_A > n_B$),当 A、B 形成节点时,由于节点两侧存在电子密度差而发生电子扩散,使一侧失去电子而带正电荷,另一侧得到电子而带负电荷,最终节点两侧形成稳定的电动势。这个电动势是由于不同导体或半导体接触而形成的,所以称为接触电势。接触电势的大小不仅与 A、B 两种材料的材质有关,还与该节点处的温度有关,如图 2-20 的 $e_{AB}(T)$ 和 $e_{AB}(T_0)$。

2.温差电势

将一根导体或半导体的两端分别置于不同的温度 T,T_0 中(假设 $T > T_0$),由于导体或半导体热端的自由电子具有较大的动能,使得从热端扩散到冷端的电子数比冷端扩散到热端的多,于是在导体或半导体两端便产生了一个由热端指向冷端的静电场,称为温差电势,如图 2-20

所示的 $e_A(T, T_0)$ 和 $e_B(T, T_0)$。

所以,热电偶回路的总热电势包括两个接触电势和两个温差电势,即

$$E_{AB}(T, T_0) = e_{AB}(T) - e_{AB}(T_0) - e_A(T, T_0) + e_B(T, T_0) \tag{2.9}$$

由于热电偶的接触电势远远大于温差电势,故式(2.10)可以写为

$$E_{AB}(T, T_0) = e_{AB}(T) - e_{AB}(T_0) \tag{2.10}$$

可见,总热电势的大小与组成热电偶的导体材料和两节点的温度差有关,当热电偶两电极材料及一端温度确定后,就可以根据总热电势求出另一端的温度。若热电偶两节点温度相同,尽管采用了两种不同的材料,回路总热电势为零。所以,热电偶回路总热电势大小只与材料、节点温度有关,与热电偶的尺寸、形状无关。

从外形上看,热电偶传感器与部分热电阻传感器很相似,但从内部结构上看,两者有很大区别。热电阻外壳内的测温元件是由纯金属元件(铂、铜等)构成的电阻体,热电偶外壳内的测温元件是由两种导体或半导体连接在一起组成的热电极,通常有铂铑10-铂热电偶(S型)、铂铑30-铂铑6热电偶(B型)、镍铬-镍硅热电偶(K型)、镍铬-铜镍热电偶(E型)等几种类型。从接线端点上看,热电偶只有两个接线端点;但是热电阻通常采用三线制接法,其成品传感器一般都具有三个接线端点。图2-21是常用标准热电偶的温度特性曲线,可以看出,大部分热电偶有较好的线性度。

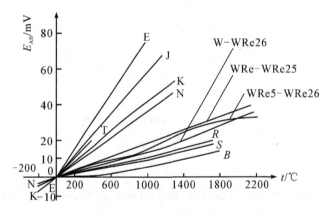

图 2-21　常用标准热电偶的温度特性曲线

热电偶内部结构如图2-22所示,其一般由热电极、绝缘套管、保护套管和接线盒等几部分组成,热电极直径一般为0.35～3.2 mm,长度为250～300 mm。其中,铠装热电偶(也称线缆热电偶)就是将热电极、绝缘材料、保护管一起拉制成型,经焊接密封和装配工艺制成坚实的组合体,其具有体积小、动态响应快、强度高等优点。

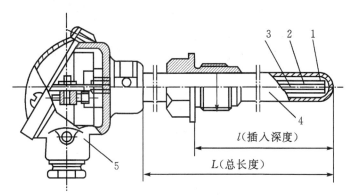

1—测量端；2—热点极；3—绝缘套管；4—保护管；5—接线盒。

图 2-22　热电偶内部结构示意图

在热电偶测温具体应用过程中,还需要了解四个基本定律:均质导体定律、中间导体定律、中间温度定律以及参考电极定律。这四个基本定律对热电偶测温提供了很大便利。

(1)均质导体定律:由同一种均质材料(导体或半导体)两端焊接组成闭合回路,无论导体截面如何以及温度如何分布,都不产生接触电势,温差电势相抵消,回路中总电势为零。因此,热电偶必须采用两种不同材料作为电极。

(2)中间导体定律:在热电偶 A、B 回路中接入第三种导体 C,只要第三种导体与原导体的两个节点温度相同,则回路中总的热电势不变。因此,可以在热电偶回路中接入各种仪表,不会影响回路的电动势,如图 2-23 所示。

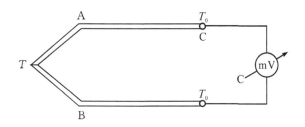

图 2-23　热电偶中间导体定律应用

(3)中间温度定律:在热电偶的测温回路中,两节点温度分别为 T、T_0 时的热电势等于该热电偶在节点温度为 T、T_n 和 T_n、T_0 时热电势的代数和,即

$$E_{AB}(T, T_0) = E_{AB}(T, T_n) + E_{AB}(T_n, T_0) \tag{2.11}$$

因此,系统测得的总热电势只受测量端温度 T 和参考端温度 T_0 的影响,而与中间温度 T_n 的变化无关。通过运用中间温度定律,就可以在热电偶的测温回路中应用补偿导线,如图 2-24所示。如果 A' 与 A、B' 与 B 的热电极性质相同,系统热电势 $E_{ABB'A'}(T, T_n, T_0)$ 等于热电

偶的热电势 $E_{AB}(T, T_n)$ 与连接导线的热电动势 $E_{A'B'}(T_0, T_n)$ 的代数和,即

$$E_{ABB'A'}(T, T_n, T_0) = E_{AB}(T, T_n) + E_{A'B'}(T_n, T_0) \qquad (2.12)$$

所以只要使用热电偶的热电特性相同的补偿导线,就可以使热电偶的参考端远离热源而不会影响热电偶测量温度的准确性。

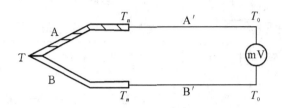

图 2-24　热电偶中间温度定律应用

(4)参考电极定律(标准电极定律):用 A、B、C 三种导体分别组成三种热电偶,如图 2-25 所示。若三个热电偶工作端温度都为 T,参考端温度都为 T_0,则导体 AB 热电偶的热电势等于 AC 热电偶和 BC 热电偶的热电势代数差,即

$$E_{AB}(T, T_0) = E_{AC}(T, T_0) - E_{BC}(T, T_0) \qquad (2.13)$$

上式说明两种材料组成的热电偶的热电势可以用于它们分别与第三种材料组成热电偶的热电势之差来表示。工程上常用铂、铜等作为标准电极,若已知多种材料对标准电极的热电势,即可求出各种材料间任意组合的热电偶的热电势。

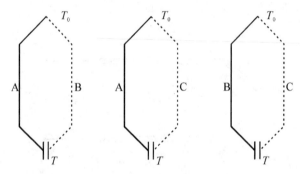

图 2-25　热电偶参考电极定律应用

2.5.2　如何选择热电偶

选用热电偶主要考虑其材料、测温范围,同时还要考虑其外形结构,不同的热电偶通过分度号来区分。表 2-3 分别为不同类型热电偶的测温特点比较,目前,S 型、B 型、K 型、T 型热电偶使用最多。

表 2-3　不同类型热电偶的测温特点比较

名称	分度号	测温范围/℃	特点
铜-铜镍	T	−200～350	价格便宜、性能稳定、线性好、精度高,但铜在高温容易氧化,因此测温上限低
镍铬-铜镍	E	−200～800	热电势比 K 型热电偶大 50％ 左右、线性好、耐高湿度、价格便宜,但不能用于还原型气氛,大多用于工业测量
铁-铜镍	J	−200～750	价格便宜,在还原型气氛中性能较稳定,但纯铁容易被腐蚀与氧化,多用于工业测量
镍铬-镍硅	K	−200～1200	热电势大、线性好、稳定性高、价格便宜,但材质较硬,1000 ℃ 以上长期使用会引起热电势漂移,大多用于工业测量
铂铑30-铂铑 6	B	500～1700	熔点高、测温上限高、性能稳定、精度高,价格昂贵,只适合高温域测量
铂铑10-铂	S	0～1600	使用上限高、精度高、性能稳定、复现性好,但热电势小,高温下连续使用特性会变坏,价格昂贵,多用于精密测量
铂铑13-铂	R	0～1600	同 S 型热电偶,但性能更好

　　热电偶分度号对应的分度表是用来反映热电偶在测温范围内温度变化对应电势变化的标准数列,即热电偶的电势所对应的温度值,但应注意分度表是在 $T_0 = 0$ 时编制的(见表2-4)。

表 2-4　K 型热电偶分度表(部分)

温度 /℃	K 型镍铬-镍硅(镍铬-镍铝)热电动势 mV,参考端温度为 0℃									
	0	1	2	3	4	5	6	7	8	9
−50	−1.889	−1.925	−1.961	−1.996	−2.032	−2.067	−2.102	−2.137	−2.173	−2.208
−40	−1.527	−1.563	−1.600	−1.636	−1.673	−1.709	−1.745	−1.781	−1.817	−1.853
−30	−1.156	−1.193	−1.231	−1.268	−1.305	−1.342	−1.379	−1.416	−1.453	−1.490
−20	−0.777	−0.816	−0.854	−0.892	−0.930	−0.968	−1.005	−1.043	−1.081	−1.118
−10	−0.392	−0.431	−0.469	−0.508	−0.547	−0.585	−0.624	−0.662	−0.701	−0.739
0	0	−0.039	−0.079	−0.118	−0.157	−0.197	−0.236	−0.275	−0.314	−0.353
0	0	0.039	0.079	0.119	0.158	0.198	0.238	0.277	0.317	0.357
10	0.397	0.437	0.477	0.517	0.557	0.597	0.637	0.677	0.718	0.758
20	0.798	0.838	0.879	0.919	0.960	1.000	1.041	1.081	1.122	1.162
30	1.203	1.244	1.285	1.325	1.366	1.407	1.448	1.489	1.529	1.570
40	1.611	1.652	1.693	1.734	1.776	1.817	1.858	1.899	1.940	1.981
50	2.022	2.064	2.105	2.146	2.188	2.229	2.270	2.312	2.353	2.394
60	2.436	2.477	2.519	2.560	2.601	2.643	2.684	2.726	2.767	2.809
70	2.850	2.892	2.933	2.875	3.016	3.058	3.100	3.141	3.183	3.224
80	3.266	3.307	3.349	3.390	3.432	3.473	3.515	3.556	3.598	3.639
……										

2.5.3 如何使用热电偶

1. 热电偶冷端温度补偿

热电偶测温过程中,其热电势大小不仅与测量端温度有关,还与参考端(冷端)温度有关。只有当冷端温度保持不变时,热电势才是测量端温度的单值函数。同时,热电偶与显示或控制仪表连接时,为了提高准确度,要求其冷端温度稳定在 0 ℃,这样就可以利用分度表查工作端温度,否则会产生测试误差。但工业现场一般不能保证热电偶冷端为 0 ℃,而且热电偶的冷、热端距离通常较近,冷端受热端及环境温度波动的影响,温度很难保持不变,要维持 0 ℃就更难了。因此,在工业中使用热电偶,一般要采用温度补偿方式进行处理。

1) 补偿导线法

由于工业现场温度变化会引起热电偶冷端温度的不稳定,需要将冷端延长至与测量点较远处来维持其温度稳定。若完全使用热电偶材料制作补偿导线则成本太高,故补偿导线采用两种不同性质的廉价金属材料制成,常用热电偶补偿导线见表 2-5。

表 2-5 常用热电偶补偿导线

补偿导线型号	配用热电偶型号	补偿导线材料		绝缘层颜色	
		正极	负极	正极	负极
SC	S	铜	铜镍	红	绿
KC	K	铜	铜镍	红	蓝
KX	K	镍铬	镍硅	红	黑
EX	E	镍铬	铜镍	红	棕
JX	J	铁	铜镍	红	紫
TX	T	铜	铜镍	红	白

补偿导线使用条件是导线在一定温度范围内(0~100 ℃)具有和所连接热电偶相同的热电性能。且根据中间温度定律,补偿导线和热电偶两接点处要保持相同温度。热电偶延长线补偿如图 2-26 所示。

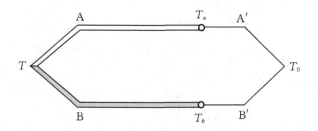

A 与 A′、B 与 B′在 0~100 ℃内热电性能相同,且 $T_a = T_b$

图 2-26 热电偶延长线补偿

2)冷端温度修正

热电偶的分度表是以冷端温度为 0 ℃这一基准制成的,因此在实际测量中,将热电偶的冷端置于各种恒温室内,使其温度保持恒定,避免由于环境温度的波动引起误差。如图 2－27 所示为热电偶冷端补偿之水浴法。

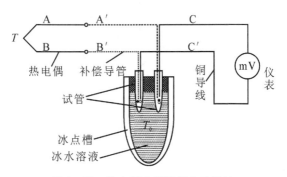

图 2－27　热电偶冷端补偿之冰浴法

对于恒温室温度不为 0 ℃时,则需要利用分度表进行冷端温度修正。如测得冷端温度为 T_n 而非 0 ℃,测得热电偶的输出电势为 $E(T,T_n)$,可以根据热电偶的中间温度定律 $E(T,0)$ $＝E(T,T_n)＋E(T_n,0)$ 来计算热端温度为 T、冷端温度为 0 ℃时的热电势,然后从分度表中查得热端温度 T。注意,由于热电偶温度电势曲线的非线性,上面所说的相加是热电势的相加,而不是简单的温度相加。例如:用 K 型热电偶测温时,热电偶冷端温度 $T_n＝30$ ℃,测得冷端为 30 ℃时的热电势 $E(T,T_n)＝1.980$ mV,再由分度表查得热端30 ℃、冷端 0 ℃时热电势 $E(T_n,0)＝1.203$ mV,则 $E(T,0)＝E(T,T_n)＋E(T_n,0)＝(1.980＋1.203)$ mV$＝3.183$ mV,再由分度表查得 $T＝78$ ℃。

3)补偿电桥法

冷端补偿器是用来自动补偿热电偶测量值随冷端温度变化而变化的一种装置,如图2－28所示为热电偶冷端补偿电路,由图可知,冷端补偿器内部为一个不平衡电桥电路,其输出端与热电偶串联。电桥的 3 个桥臂由电阻温度系数极小的锰铜丝制成,其电阻基本不随温度变化,且 $R_1＝R_2＝R_3$;另一个桥臂电阻 R_x 由电阻温度系数较大的铜丝制成,且在某固定温度 T_x(例如 30℃)时,$R_x＝R_1$,此时电桥平衡,没电压输出。R_s 为限流电阻,阻值因选用的热电偶不同而不同。选择适当的 R_s 后,电桥的电压输出特性与所选用热电偶热电特性相似,且在冷端温度高于 T_x 时,电桥输出电压与热电偶热电势方向相同,电桥电压的增加量等于热电偶热电势的减少量;若冷端温度低于 T_x 时则相反,从而起到了热电偶冷端温度自动补偿作用。在使用该冷端温度补偿器时,必须把仪表零点调到 T_x。

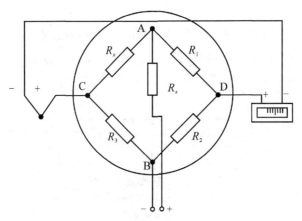

图 2-28　热电偶冷端补偿器电路

2. 热电偶基本测量电路

1) 单点温度测量及信号放大电路

单点温度测量电路如图 2-29(a) 所示, 其中 A、B 为热电偶, C、D 为补偿导线, M 为毫伏计。若此时回路中总电势为 $E_{AB}(T, T_0)$, 则流过测温毫伏计的电流为

$$I = \frac{E_{AB}(T, T_0)}{R_{AB} + R_{CD} + R_{M}} \tag{2.14}$$

式中, R_{AB} 、R_{CD} 、R_{M} 分别为热电偶、导线 (铜线 R_L、补偿导线 C 与 D) 电阻和仪表内阻, 他们在温度一定时有固定值, 测得的电流与温度有一一对应的关系, 即可以在表上标出温度的刻度。也可以通过运放对热电偶输出信号进行放大, 如图 2-29(b) 所示。

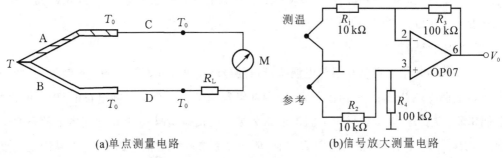

(a)单点测量电路　　　　　　　(b)信号放大测量电路

图 2-29　单点温度测量及信号放大电路

2) 两点间温差的测量电路

图 2-30 为测量两点间温差的电路, 其中两个热电偶属同型号热电偶, 则各自产生的热电势相互抵消, 仪表读数即为 T_1 和 T_2 的温度差。

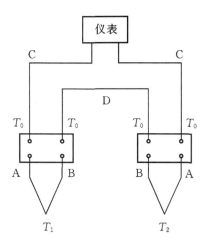

图 2 - 30 测量两点之间的温度差

3）平均温度测量电路

测量平均温度的方法通常是将几只同型号的热电偶并联在一起（如图 2 - 31 所示），仪表中显示的为 3 只热电偶输出电势的平均值，该电路要求各个热电偶都工作在线性段。

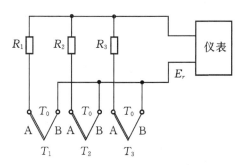

图 2 - 31 平均温度测量电路

电路中 R_1、R_2、R_3 阻值需要选值很大，以避免 T_1、T_2、T_3 不相等时，每个热电偶线路上流过的电流会引起热电偶内阻不相同的影响。由电路知回路中总的热电势为

$$E_T = \frac{E_{AB}(T_1,T_0) + E_{AB}(T_2,T_0) + E_{AB}(T_3,T_0)}{3} \tag{2.15}$$

此电路的优点是仪表的分度表和单独用一个热电偶时一样，可直接读出平均温度；缺点为若有一个热电偶被烧断，从仪表上不能反映出来。

4）若干点温度之和的测量电路

将若干个同类型热电偶串联，可以测量这些点的温度之和，也可测量平均温度，如图2 - 32所示。该电路中若有一个热电偶烧断，总热电势消失，可以立即知道某个热电偶烧断。同时，由于回路内总电势为各热电偶热电势之和，故可以测量微小的温度变化，则回路内的总电势为

$$E_t = E_1 + E_2 + E_3 \tag{2.16}$$

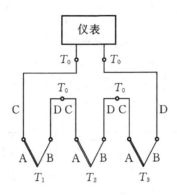

图 2-32　测量几点温度之和的温度测量电路

如果要测平均温度,则

$$E = \frac{E_t}{3} \tag{2.17}$$

2.5.4　什么是温度变送器

现代工业领域中,温度传感器元件品种繁多,其信号输出类型也很多。为了便于温度传感器在自动化检测过程中的应用,需要对各种温度传感器的信号输出做一个共同规定,即实现一个标准化输出信号(主要为 4~20 mA 直流电信号),所以有了温度变送器(如图 2-33 所示)。温度变送器校验的依据为《温度变送器校准规范》JJF1183—2007。

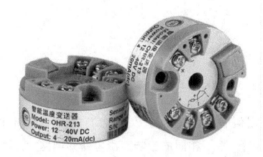

图 2-33　温度变送器

温度变送器选用热电偶、热电阻作为测温元件,从测温元件输出信号送到温度变送器模块,通过稳压滤波、运算拓宽、非线性校对、V/I 变换、恒流及反向保护等电路处理后,变换成与温度呈线性关系的标准化输出信号,连接到二次仪表上,从而显示出对应的温度。例如,系统中使用的温度传感器型号为 Pt100,那么温度变送器的作用就是把电阻信号转变为电流或电压信号,输入仪表并显示温度。此外,温度变送器还可以起到隔绝效果。

温度变送器按照供电方式可分为两线制、三线制、四线制温度变送器。两线制温度变送器即电源、负载串联在一起,有一公共点,而现场变送器与控制室仪表之间的信号联络及供电仅用两根电线,这两根电线既是电源线又是信号线。三线制温度变送器电源正端用一根线,信号输出正端用一根线,电源负端和信号负端共用一根线。四线制温度变送器电源用一根两芯电缆,输出端输出信号用一根两芯电缆。温度变送器不同连线方式电路图如图 2-34 所示。仪表传输信号采用 4~20 mA 直流信号,联络信号采用 1~5 V 直流信号,即采用电流传输、电压接收的信号系统。采用 4~20 mA 直流信号,现场仪表就可实现两线制。但限于条件,当时两线制仅在压力、差压变送器上采用,温度变送器等仍采用四线制。现在国内两线制变送器的产品范围也大大扩展了,应用领域也越来越多,同时从国外进来的变送器也是两线制的居多。但使用两线制需要满足一点条件:变送器输出端电压等于规定的最低电源电压减去电流在负载电阻和传输导线电阻上的压降;变送器的正常工作电流必须小于或等于变送器的输出电流;变送器的消耗功率不能太大。

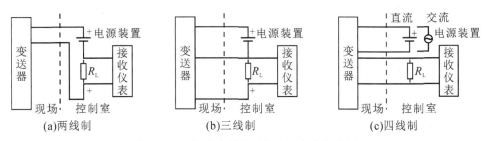

图 2-34 温度变送器不同连线方式电路图

温度变送器具体使用过程中的连线端子的选择根据各生产厂家的设定各有不同,要参考各厂家温度变送器的使用手册。某一温度变送器连线方式如图 2-35 所示。

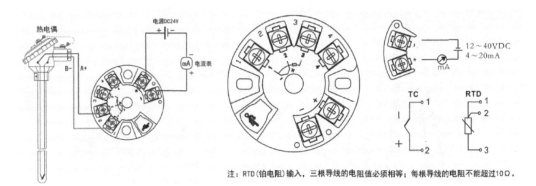

注:RTD(铂电阻)输入,三根导线的电阻值必须相等;每根导线的电阻不能超过10Ω。

图 2-35 具体温度变送器连线方式

此外,一体化温度变送器则将温度传感元件(热电阻或热电偶)与信号转化扩展单元有机集成在一起,可以有效测量各种工艺过程中-200~1600 ℃范围内的液体、蒸汽及其他气体介质或固体表面的温度。

2.6 集成温度传感器是如何测温的

集成温度传感器是利用晶体管 PN 结的电流、电压特性与温度的关系,把敏感元件、放大电路和补偿电路等部分集成化,并把它们封装在同一壳体里的一种温度检测元件。它除了与半导体热敏电路一样有体积小、反应快的优点外,还具有线性好、性能高、价格低、抗干扰能力强等特点。虽然集成温度传感器由于 PN 结受耐热性能和特性范围的限制,只能用来测 150 ℃以下的温度,但还是在很多领域得到广泛应用。

集成温度传感器类型众多,按输出情况可以分为电压输出型、电流输出型、数字型 3 大类。本节仅以最常用的 AD590 和 DS18B20 温度传感器加以简单说明。

2.6.1　如何使用电流输出型温度传感器 AD590

AD590 是电流型精密集成温度传感器,该芯片内部集成了温度传感部分、放大电路、驱动电路和信号处理电路等。由于电流很容易转换成电压,因此这种传感器应用十分方便。AD590 有 3 种封装形式:TO-52 封装(测温范围-55～150 ℃),陶瓷封装(测温范围-50～150 ℃),TO-92 封装(测温范围 0～70 ℃)。TO-52 封装 AD590 系列产品外形及符号如图 2-36 所示,其外形与小功率晶体管相仿,共有 3 个引脚,1 脚为正极,2 脚为负极,3 脚接管壳。使用时将第 3 脚接地,可起到屏蔽作用。

AD590 集成温度传感器利用硅晶体管的基本性能实现了输出电流与温度成正比这一特性,等效于一个高阻抗的温控恒流源。在工作电压为 4～30 V、测温范围为-55～150 ℃时,对应热力学温度 T 每变化 1 K,AD590 输出电流变化 $1\mu A$;在 298.15 K(即 25 ℃)时输出电流恰好等于 $298.15\mu A$,这个电流与施加 AD590 上的电源电压几乎无关。AD590 基本电路如图 2-37 所示,将其与 4～30 V 的直流电源相连,并在输出端串接一个 1 kΩ 的恒值电阻,那么此电阻上流过的电流将和被测温度成正比,变化率为 1 kΩ×1 μA/K;若此时温度为 δ K,则电阻两端将会有 $\delta\times 1$ mV 的电压信号。

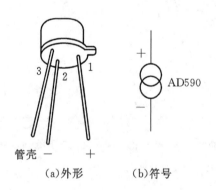

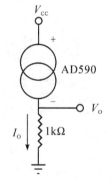

图 2-36　TO-52 封装 AD590 外形及符号图　　图 2-37　AD590 测温基本电路

AD590 的典型应用电路有以下几种:

1. 由 AD590 构成的数字式温度计

将 AD590 配上 ICL7106 A/D 转换器,便可组成 $3\frac{1}{2}$ 位液晶显示的数字式温度计,电路如图 2-38 所示。AD590 接于 ICL7106 的 IN_ 与 V_ 端之间。RP_1 为基准电压调整电位器,调整 RP_1

使加于 ICL7106 的基准电压为 500 mV；RP_2 为校正电位器，调整 RP_2 使仪表显示值与被测温度值一致。温度计的测温范围为 0～199.9 ℃，但受 AD590 的限制，被测温度不应该超过 150 ℃。

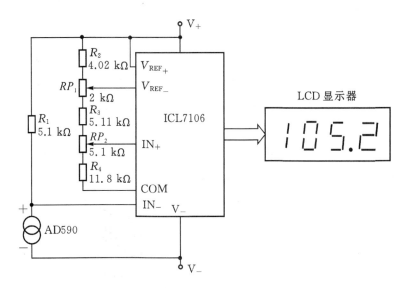

图 2-38　$3\frac{1}{2}$ 位液晶显示数字式温度计

2. 由 AD590 构成的温差测量电路

利用两只 AD590 便可组成温差测量电路，如图 2-39 所示。将 AD590-Ⅰ与 AD590-Ⅱ 置于两个不同的温度环境条件下，它们的测量电流分别为 I_1 和 I_2，则温差电流 $\Delta I = I_2 - I_1$，它与温差 $\Delta T = T_2 - T_1$ 成正比例关系。温差电流 ΔI 加至运算放大器 μA741 的反相输入端，则运算放大器的输出电压为

$$V_0 = -(T_1 - T_2) \times 1\ \mu A/K \times 10\ k\Omega$$
$$= (T_2 - T_1) \times 10\ mV/℃ \tag{2.18}$$

若在 μA741 的输出端接入 1 V 直流电压表，即可对 0～100 ℃ 的温差进行测量。RP_1 是校准电位器，使 $T_1 = T_2$，即 $\Delta T = 0$ ℃ 时，电压表的读数为零。

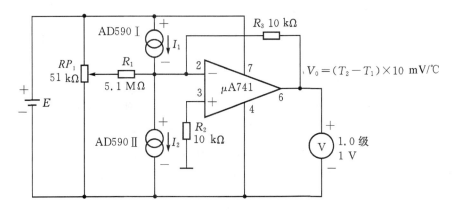

图 2-39　AD590 温差测量电路

2.6.2 如何使用数字型温度传感器 DS18B20

DS18B20 是一线式数字温度传感器,温度测量范围为$-55\sim125$ ℃,可编程为 9~12 位 A/D 转换精度,测温分辨率可达 0.0625 ℃,被测温度用符号扩展的 16 位数字量方式串行输出。其工作电源既可在远端引入,也可采用寄生电源方式产生。多个 DS18B20 可以并联到 3 根或 2 根线上,CPU 只需一根端口线就能与诸多 DS18B20 通信,占用微处理器的端口较少,可节省大量的引线和逻辑电路。因此,DS18B20 适用于远距离多点温度检测系统。

DS18B20 一般多为 TO‐92 封装(如图 2‐40 所示),共 3 个引脚:1 脚 GND 为地,2 脚 DQ 为数字信号端,3 脚 V_{DD} 为外接供电电源输入端(在寄生电源接线方式时接地)。

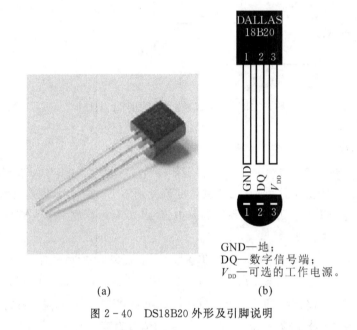

GND—地;
DQ—数字信号端;
V_{DD}—可选的工作电源。

(a)　　　　　　　　　　(b)

图 2‐40　DS18B20 外形及引脚说明

DS18B20 测温系统具有测温简单、精度高、连接方便、占用口线少等优点,其主要有两种连接电路。

1. DS18B20 寄生电源供电方式电路

寄生电源供电方式下,DS18B20 从单线信号线上汲取能量,无需本地电源,便于进行远距离测温,如图 2‐41(a)所示。注意该模式在信号线 DQ 上不仅有一个上拉电阻,还有一个上拉 MOS 管。其原因主要是,要使 DS18B20 进行精确的温度转换,I/O 线必须保证在温度转换期间提供足够的能量。由于每个 DS18B20 在温度转换期间工作电流达到 1 mA,当几个温度传感器挂在同一根 I/O 线上进行多点测温时,只靠 4.7 kΩ 上拉电阻就无法提供足够的能量,会造成无法转换温度或温度误差极大。

2. DS18B20 外部供电方式电路

在外部电源供电方式下,DS18B20 工作电源由 V_{cc} 引脚接入,此时不存在电源电流不足的问题,仅需要信号线 DQ 上一个上拉电阻即可,不需要上拉 MOS 管,如图 2-41(b)所示。同时该总线理论上可以挂接任意多个 DS18B20 传感器,组成多点测温系统。注意:在外部供电的方式下,DS18B20 的 GND 引脚不能悬空,否则不能转换温度,读取的温度总是 85 ℃。

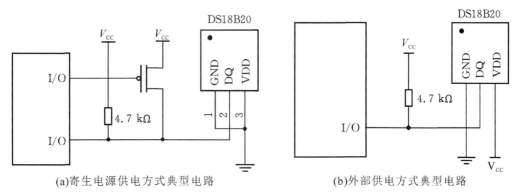

(a)寄生电源供电方式典型电路　　　　　　　(b)外部供电方式典型电路

图 2-41　DS18B20 典型工作电路

根据 DS18B20 的通信协议,主机(单片机)控制 DS18B20 完成温度转换必须经过对 DS18B20 进行初始化复位操作,发送一条 ROM 指令,发送一条 RAM 指令,对 DS18B20 进行预定读写操作四个步骤,详细 ROM 及 RAM 指令及单总线时序请参见 DS18B20 的数据手册。

DS18B20 虽然具有测温简单、精度高、连接方便、占用口线少等优点,但在实际应用中也应注意以下问题:

(1)较小的硬件开销需要相对复杂的软件进行补偿。由于 DS18B20 与微处理器间采用串行数据传送,因此,对 DS18B20 进行读写编程时,必须严格保证读写时序,否则将无法读取测温结果。

(2)在 DS18B20 的有关资料中均未提及单总线上所挂 DS18B20 数量问题,容易使人误认为可以挂任意多个 DS18B20,在实际应用中并非如此。当单总线上所挂 DS18B20 超过 8 个时,就需要解决微处理器的总线驱动问题,这一点在进行多点测温系统设计时要注意。

(3)连接 DS18B20 总线电缆是有长度限制的。试验中,当采用普通信号电缆传输长度超过 50 m 时,读取的测温数据将发生错误。当将总线电缆改为双绞线带屏蔽电缆时,正常通信距离可达 150 m,当采用每米绞合次数更多的双绞线带屏蔽电缆时,正常通信距离进一步加长。这种情况主要是由总线分布电容使信号波形产生畸变造成的。因此,在用 DS18B20 进行长距离测温系统设计时要充分考虑总线分布电容和阻抗匹配问题。测温电缆线建议采用屏蔽 4 芯双绞线,其中一对线接地线与信号线,另一对线接 V_{cc} 和地线,屏蔽层在源端单点接地。

(4)在 DS18B20 测温程序设计中,向 DS18B20 发出温度转换命令后,程序总要等待 DS18B20 的返回信号。一旦某个 DS18B20 接触不好或断线,当程序读该 DS18B20 时,将没有返回信号,程序进入死循环。这一点在进行 DS18B20 硬件连接和软件设计时也要重视。

2.7 如何制作温度报警器

本次任务为制作一个温度报警器,具体功能要求有:

(1)可实现在某一温度报警;

(2)报警温度可调。

1.设计任务分析

制作温度报警器可选用的温度传感器有很多,如热电阻、热敏电阻、热电偶、集成温度传感器等,从设计成本及实现的容易程度综合考虑,选用热敏电阻作为项目用的温度传感器。同时通过比较器来确定报警温度,比较器的报警阈值可通过电位器调节,采用555电路组成多谐振荡器产生报警电路所用方波。该任务的电路原理图如图2-42所示,器件清单见表2-6。

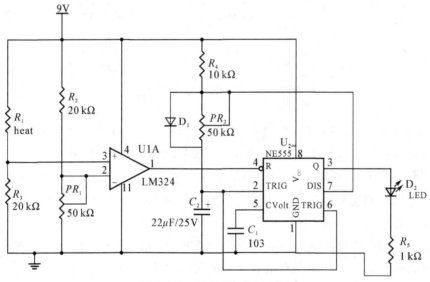

图2-42 温度报警器原理图

表2-6 温度报警器器件清单表

序号	名称	型号	数量
1	焊接板	—	1
2	运放	LM324	1
3	芯片插座	DIP14	1
4	555芯片	NE555	1
5	芯片插座	DIP8	1
6	热敏电阻	—	1
7	开关二极管	IN4148	1
8	瓷片电容	103	1
9	电解电容	22 μF/25 V	1
10	电位器	50 kΩ	2

序号	名称	型号	数量
11		1 kΩ	1
12	1/4W 电阻	10 kΩ	1
13		20 kΩ	2
14	LED	—	1

2.调试步骤

(1)卸下 LM324 芯片,让 NE555 芯片 4 脚悬空。接通电源,此时 NE555 芯片产生方波,LED 会闪烁报警。若未能闪烁,则检查 NE555 及周边元件构成的多谐振荡器工作是否正常。

(2)若 LED 闪烁报警,调节 PR_2,使 LED 闪烁频率合适。使用示波器观察 NE555 芯片 3 脚输出的方波,且注意到调节 PR_2 过程中方波频率会发生变化,但在一个周期中高电平时间维持不变。

(3)安装上 LM324 芯片后再接通电源,用万用表检测 LM324 芯片 2 脚与 3 脚的电压,当 3 脚电压高时 LED 能闪烁(即此时 LM324 芯片 1 脚高电平),反之则没有反应。调节 PR_1,使 LM324 芯片 2 脚电压稍高于 3 脚,使 LED 熄灭(即此时 LM324 芯片 1 脚为低电平)。

(4)加热热敏电阻,可实现 LED 闪烁;热敏电阻冷却后,LED 熄灭。至此调试完毕。

3.根据项目原理回答下列问题

(1)仔细分析前述温度报警器原理图,回答以下问题。

①图中使用的传感器——热敏电阻 R_1,其电阻值随温度如何变化?

②该电路中是如何调节报警温度的?

③运放 CA324(U1A)在整个电路中起的作用?

④NE555 芯片在电路中起的作用?

⑤分别指出电解电容 C_2 在工作过程中的充电回路与放电回路。

⑥二极管 D_1 在电路中分别起什么作用,如果该元件不存在,对整个电路的工作有什么影响?

(2)请叙述在项目制作过程中遇到的问题及最终解决办法。

项目2 小结

本项目主要学习了温度、温标的概念及温度检测的分类,同时还详细介绍了突跳温控开关、热敏电阻、热电阻、热电偶、集成温度传感器测温原理及具体应用。学习的重点在于温标定义、不同传感器的测温原理及具体应用,如何根据工程实际情况进行传感器选择。还需要特别注意,由于不同温度传感器具有不同特点,其测温电路也不同。

课后习题

一、判断题

1. 温度传感器按测量方式可分为接触式和非接触式两大类。 （ ）
2. 热敏电阻利用半导体电阻率随温度变化而变化制成，其价格便宜，线性度好。 （ ）
3. 突跳温控开关是利用热胀冷缩原理测量温度的。 （ ）
4. 半导体热电阻式传感器简称热电阻。 （ ）
5. 热电阻温度计利用金属导体电阻值随温度升高而下降的特性进行温度测量。 （ ）
6. 热电偶传感器是将温差变化转换为热电势变化的传感器。 （ ）
7. 热电偶回路的热电势只与材料和端点温度有关，与热电偶的尺寸形状无关。 （ ）
8. 集成温度传感器只有电压输出型。 （ ）

二、选择题

1. 华氏 95 度的温度，换算为摄氏温标为（ ）度。

   A. 25   B. 30   C. 35   D. 40

2. 双金属片的测温原理是（ ）。

   A. 膨胀式   B. 电阻值   C. 电偶式   D. 辐射式

3. 下列对热敏电阻特点描述有误的是（ ）。

   A. 较高电阻温度系数   B. 灵敏度比热电阻低

   C. 互换性较差   D. 热电特性为非线性

4. 购买热敏电阻时，除了要明确热敏电阻是正、负还是临界温度系数外，还需要明确的是（ ）。

   A. 电阻率、R_{25} 阻值   B. 电阻率、材料常数 B；

   C. R_{25} 阻值、材料常数   D. R_{25} 阻值、电导率

5. 热电阻传感器是将温度变化转换为（ ）变化。

   A. 电阻   B. 电压   C. 电流   D. 热电势

6. 下列对热电阻温度计特点描述有误的是（ ）。

   A. 测量精度高   B. 线性度好

   C. 需要冷端补偿   D. 以铂、铜材料为主

7. 热电阻测量转换电路采用三线制是为了（ ）。

   A. 提高测量灵敏度   B. 减小非线性误差

   C. 提高电磁兼容性   D. 减小连接导线电阻的影响

8. 以下测温传感器能检测上千摄氏度的是（ ）。

   A. 金属热电阻   B. 热敏电阻   C. 热电偶   D. 双金属片

9. 下列对热电偶温度计特点描述有误的是（ ）。

   A. 体积小，安装方便   B. 热电势与温度之间呈非线性关系

   C. 精度比热电阻高   D. 需要进行冷端补偿

10. （ ）数值越大，热电偶的输出热电动势就越大。

    A. 热端和冷端的温度   B. 热端和冷端的温差

    C. 热端直径   D. 热电极的电导率

项目3 声光是如何检测的

3.1 什么是声音检测及其分类

3.1.1 什么是声音检测

声音是由物体振动产生的,正在发声的物体叫声源。声音以波的形式进行传播,所以被称为声波。声源发生振动会引起四周空气震荡,这种震荡方式就是声波。声波借助各种媒介向四面八方传播,进入耳内后振动内耳的听小骨,最后这些振动被转化为微小的电子脑波,电子脑波经由听神经传入大脑中枢,产生听觉,这就是被觉察到的声音。声音是由物体振动发生的机械波给人造成的听觉印象。

声音检测就是通过相应传感器获取正在传输的机械振动信号,并将其转换为电信号。人耳本身就是一个声音检测传感器,在电子产品中最常见的声音传感器是驻极体话筒。生产生活中的声音检测如图 3-1 所示。

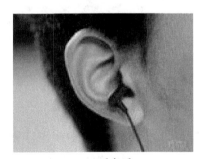

(a)听音乐　　　　　(b)胎心检测仪检测胎心　　　　(c)麦克风测音

图 3-1　生产生活中的声音检测

3.1.2 什么是声波与分贝

声波是声音的传播方式。声波除了可以在空气中传播以外,在水、金属、木头、混凝土等物体中也能够传播,这些都是声波的传播介质,但在真空中声波不能传播。人耳可听到的声波频率范围是 20~20000 Hz;如果物体振动频率低于 20 Hz 或高于 20000 Hz,人耳就听不到了。高于 20000 Hz 频率的声波叫超声波,低于 20 Hz 频率的声波叫次声波,如图 3-2 所示。

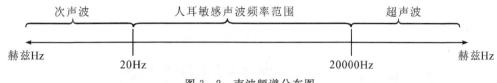

图 3-2　声波频谱分布图

在声音检测中,需要检测声压。声压就是大气压受到声波扰动后产生的变化,即大气压强的余压。声压相当于在大气压强上叠加一个声波扰动引起的压强变化,该变化反映了声音强度的大小。声压的基本单位是帕斯卡(Pa),如正常人耳能听到最微弱声压(听阈)为 20 μPa;使人耳产生疼痛感的上限声压(痛阈)为 20 Pa。

然而,采用帕斯卡来衡量声压会造成不同声音的声压值相差非常大,使用起来比较不方便,比如人耳的听阈与痛阈两者相差就达 10^6 倍。此外,声压值描述的声音差异与人耳的感知有较大的出入,如 1 m 外步枪射击的声压大约为 7000 Pa,10 m 外开过的汽车声音大约为 0.2 Pa 等,不同声音的声压值如图 3-3 所示。虽然步枪的声音确实比汽车要大得多,但这两种声音通过人耳直观感知差异有限,与数值差异相比相去甚远。

(a)1 m外步枪射击　　　　(b)10 m外开过汽车　　　　(c)正常人耳能听到最
声压约7000 Pa　　　　　　声压约0.2 Pa　　　　　　　微弱声压为20 μPa

图 3-3　不同声音的声压值

为便于应用,人们根据人耳对声音强弱变化的响应特性引出一个数量以表示声音的大小,即声压级,其单位为分贝(dB)。声压级具体定义为:将某一声压值定义为"标准值"(0 分贝),然后任何一个声音都和这个标准值相除,取相除结果的对数(以 10 为底)再乘以 20,即

$$G_{dB} = 20 \log_{10}(\frac{V_1}{V_0}) \tag{3.1}$$

式中,G_{dB} 为分贝值;V_0 为声压标准值;V_1 为声压测试值。当计算在气体介质中传播的声音时,采用的声压标准值为 20 μPa(人耳能听到的最小的声音,大致相当于 3 m 外的一只蚊子在飞),这就是物理上对"0 分贝"的定义。事实上,许多人听不到这样弱的声音。根据世界卫生组织的定义,如果一个人能听到的最小声音在 25 dB 以下,就属于正常听力。根据式(3.1)对 1 m 外步枪射击的声音和 10 m 外开过的汽车声音进行换算,结果分别为 171 dB 和 80 dB。这样不仅方便计算,而且比较符合一般人的听力感觉,表 3-1 描述了其他一些声音的分贝值。根据相关报道,长期在夜晚接受 50 dB 的噪音容易导致心血管疾病;55 dB 的声音会对儿童学

习产生负面影响;60 dB 的声音让人从睡梦中惊醒;70 dB 的声音会使心肌梗死的发病率增加30%左右;超过 105 dB 的声音,可能导致永久性听力损伤。

表 3-1　部分声音分贝值表

声音类型	分贝值	声音类型	分贝值
喷射机起飞声音	130	嘈杂的办公室	80
螺旋桨飞机起飞声音	110	人耳朵舒适度上限	75
永久损伤听觉	105	街道环境声音	70
气压钻机声音	100	正常交谈声音	50
嘈杂酒吧环境声音	90	窃窃私语	20
不会破坏耳蜗内毛细胞	85	—	—

通过上述对分贝定义的描述,可以发现"分贝"并不反映声音的绝对响度。它是以某一个声音为基准,描述声音响度的相对关系,或者说它把一个指数增长的物理量转换成了线性增长的物理量,以便于计算。其次,"0 分贝"并不代表没有声音,它只是一般认为的人耳能听到的最小声音,现实中完全存在比"0 分贝"更弱的声音(比如 4 m 外的一只蚊子在飞的声音),那就是负分贝。最后,在分贝计算过程中采用 20 μPa 作为声压标准值是在计算通过空气或其他气体中传播的声音时使用的标准值。当计算通过水等液体介质传播的声音时,就要采用不同的标准值(如 1 μPa),这意味着,如果有相同分贝值的空气中声音和水下声音,它们各自代表的声压强度是不一样的。此外,在声音检测中,更多时候并不需要具体测得声音的分贝值,而是要获得清晰的声音信息,或者通过声波来获得其他信息,如测量距离等。

3.2　什么是可见光检测及其分类

3.2.1　什么是可见光检测

人眼之所以能够看到客观世界中斑驳陆离、瞬息万变的景象,是因为眼睛能接收物体发射、反射或散射的光。更进一步说,这些光能够激发眼睛视网膜产生视觉,因此被称为可见光。可见光是一定波长范围内的电磁波,也是能量的一种存在形式。

可见光检测是通过相应的传感器获取可见光能量,并将其转换为电信号输出。人眼本身就是一个可见光检测传感器。在电子产品中最常见的可见光传感器有光电管、光敏电阻、光敏二极管、光敏三极管和光电池等。生产生活中的可见光检测如图 3-4 所示。

(a)看风景

(b)光控夜灯

(c)摄像头拍违章

图 3-4　生产生活中的可见光检测

可见光本质上是电磁波谱中人眼可以感知的部分,一般人的眼睛可以感知的电磁波波长为 400~750 nm(如图 3-5 所示)。正常视力的人眼对波长约为 555 nm 的电磁波最为敏感,这种电磁波处于光学频谱的绿光区域。

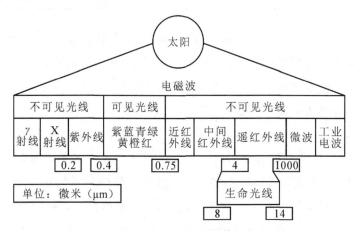

图 3-5　太阳光的光谱图

根据观测角度不同,用于描述可见光的标准度量分别是光通量、光强、照度和亮度,如图 3-6所示。

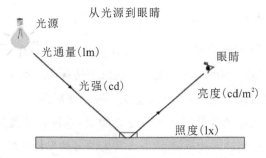

图 3-6　可见光的标准度量

(1)光通量 Φ：指光源在单位时间内向各个角度辐射出去的能使人眼感知的光能量总和，单位为流明(lm)。通常衡量一个灯泡到底能发多少光就采用光通量衡量，一个流明值越高的灯泡向各个方向辐射出去的光能量也越多。此外，将光通量与光源耗能比值称为光视效能，单位为流明/瓦(lm/W)。

(2)发光强度 I：简称光强，为光源向某给定方向在单位立体角内辐射的光通量，即光通量在某个角度的平均数值，单位为坎德拉(cd)。光强描述了光源到底有多亮，其概念与压强相似，描述的是强度概念。光强的计算公式为 $I=F/\Omega$，其中 F 为光通量，Ω 为立体角。

(3)照度 E：指单位被照面积上接收到的光通量的总和，单位为勒克斯(lx)，照度可用照度计直接测量。被光均匀照射的物体，在 $1\ m^2$ 面积上得到的光通量是 $1\ lm$ 时，它的照度是 $1\ lx$。

(4)亮度 L：指视线方向上单位面积的发光强度，用于描述发光面的明亮程度，单位为坎德拉/平方米(cd/m^2)。亮度倾向于描述观察者的感觉，例如各种显示屏所标亮度就是这个数值。

3.2.2 如何分类可见光检测

可见光检测是利用光敏传感器将光信号转换为电信号。普通光敏传感器的工作原理为光电效应，即当光照射到某些物质上，其电特性发生相应变化。光电效应于 1887 年被赫兹发现，之后爱因斯坦第一个成功地从理论上解释了光电效应。

光电效应根据特点不同，可以将其分为外光电效应和内光电效应。外光电效应是指在光线作用下，材料中的电子逸出物体表面而产生光电子发射的现象。由外光电效应制成的光敏传感器有光电管和光电倍增管等。内光电效应是指在光线作用下，物体内的电子虽然没有逸出物体表面，但材料吸收了光子产生电子-空穴对，其导电性能加强，使物体的电阻率发生变化，产生光电流或光生电动势的现象。由于该过程是在半导体材料内进行的，因此被称为内光电效应。由内光电效应制成的光敏传感器有光敏电阻、光敏二极管、光敏三极管和光电池等，如图 3-7 所示。

外光电效应 光电管、光电倍增管

可将微弱光信号转换成电信号，可分别响应紫外光、可见光和近红外光谱；主要应用于生物发光、化学发光、色谱分析、光子计数和微光探测等领域

光电管 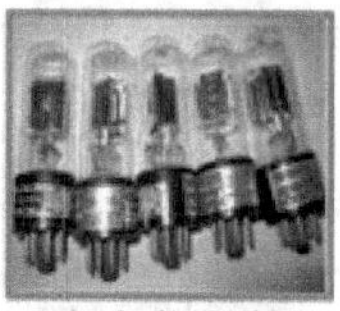　　　　　　　光电倍增管

可见光检测

光敏电阻

其电阻值随入射光增强而减少，随入射光减弱则增大；可分别响应紫外光、可见光、红外光谱，有灵敏度高、光谱范围宽、体积小等特点；一般用于光的检测、控制与光电转换

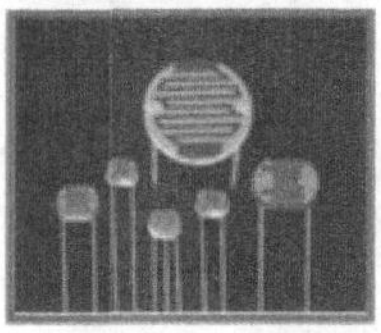

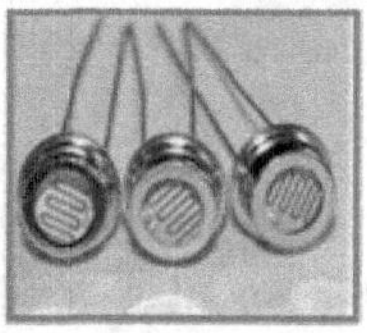

光敏电阻

内光电效应

光敏晶体管

利用光照强弱改变电路中的电流大小，可分别响应紫外光、可见光、红外光谱；用于测量光亮度，经常与发光二极管配合使用作为信号接收装置

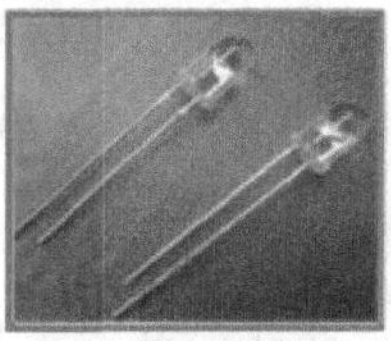

光敏二级管 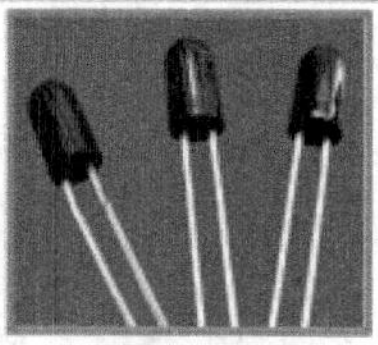　　　　　光敏三级管

光电池

自发电式的光电器件，受到光照时自身能产生一定方向的电动势；光电池种类很多，有硅、硒、氧化镉等，应用最广泛的为硅光电池，其性能稳定、光谱范围宽、转换效率高

硅光电池　　　　　　硅太阳能面板

图 3-7　可见光检测传感器分类

3.3　话筒是如何测声音的

3.3.1　如何衡量话筒

1877 年,埃米尔·柏林内尔发明了话筒,即麦克风(英文 microphone 的音译,因此也时常被简称为 MIC)。麦克风是一种常见的电声器材,是可以进行声电转换的传感器。话筒的工作过程即通过声波作用到电声元件上产生电压,再转为电能。在日常的工作与生活中,话筒的应用已经是无处不在,如图 3-8 所示。不论是在专业录音棚里录音、还是在 KTV 里唱歌,在单位里开会作报告,或是使用手机进行通话,都少不了话筒的作用。

(a)录音棚里录音　　　　　　　　(b)KTV里唱歌　　　　　　　　(c)会场开会

图 3-8　话筒的不同应用场合

常用话筒按结构不同,一般分为动圈式、电容式、驻极体式等几种类型。

动圈话筒是在杂音较多场合使用最多的话筒,目前 KTV 唱歌用的话筒基本上是动圈话筒。动圈话筒的工作原理是由声波引起话筒内振膜振动,从而带动内部线圈振动来切割磁力线,以电磁感应方式将声音转为电信号,最后再通过话筒线传递给下一级设备。动圈话筒的优点是结构简单、牢固稳定、价格较低,但是动圈话筒和电容话筒相比灵敏度较低,高频响应不足,音色虽较柔润但不够细腻。动圈话筒的灵敏度虽然不够高,和电容话筒相比不能够拾取到更多的声音细节,但是同样也不容易拾取到环境噪声,因此对使用环境的要求不高,对于环境噪音有较好抑制效果。灵敏度不高的另一个好处是声压级大,就是能耐受非常大的声音而不爆音,因此动圈话筒比较适用于 KTV 或演出场合使用。

电容话筒是专业录音领域应用最多的话筒,我们所听到的音乐专辑里的歌声,几乎都是用电容话筒录制的。电容话筒的原理是用一张极薄的金属振膜作为电容的一级,另一个距离很近的金属背板(约零点几毫米)作为另一极,这样振膜的振动就会造成电容容量的变化形成电信号。电容话筒的优点是由于振膜非常薄,很微小的声音也能使其振动,使得电容话筒灵敏度高、频响曲线平直宽广、响应快,而且拾取的声音细节丰富、还原度高、清晰,所以电容话筒适用于录音室录音、影视录音、乐器拾音等场合,其在安静的声学环境下能发挥出令人满意的效果。但电容话筒在普通的环境下就很容易拾取到环境的噪声,如旁边的说话声,楼下的汽车声,这些在后期是很难去除的,即使勉强去除也会损伤音质。电容话筒构造复杂、较脆弱、造价贵,因此必须轻拿轻放,并且在干燥的环境下保存,因为潮湿会影响电容话筒的音质。一般录音棚都会采用恒温恒湿干燥箱来保存话筒。

驻极体话筒是采用驻极体振动膜作为声电转换关键元件的话筒。驻极体话筒相对于其他话筒来说,生产工艺简单、成本低、适于大批量生产。同时体积较小,使用时比较方便,因此应用广泛,如电话机、摄像机、手机、复读机中都有使用。但驻极体话筒拾声的音质效果相对差些,多用在对于音质效果要求不高的场合。

虽然动圈话筒、电容话筒和驻极体话筒各有不同的应用场合,但对于同一类话筒的选择还需要考虑几个必要的技术指标,如灵敏度、频率响应、指向性和输出阻抗等。

灵敏度指话筒将声压转化为电平的能力,是衡量话筒声电转换效率的重要指标。在 1 Pa 压力下,即 94 dB 声压级,用 1 kHz 正弦波从话筒正面输入,其输出端的电压即为灵敏度值,单位为 mV/Pa。一般动圈话筒的灵敏度为 1.5～4 mV/Pa,电容话筒的灵敏度约为 20 mV/Pa。灵敏度还可用分贝表示,即 1 V/Pa＝0 dB,因此话筒灵敏度分贝值始终小于 0。高灵敏度话筒在微小声音拾音的时候非常有用,可以让后级不需要太大增益,从而保证了低噪声。

频率响应是指麦克风接收到不同频率声音时,输出信号会随着频率的变化而发生放大或衰减的情况。也就是在固定声压与角度下,各频率声波信号开路输出电压与规定频率输出电压的比值(单位:dB)。频率响应是话筒声电转换过程频率失真的重要指标,频响特性越好,频率失真越小。最理想的频率响应曲线为一条水平线,代表输出信号能真实呈现原始声音的特性,但这种理想情况不容易实现。好的话筒应当有合适的频响范围,且范围内特性曲线应尽量平滑(专业话筒曲线容差＜2 dB);一般来说,电容话筒的频率响应曲线会比动圈话筒的频率响应曲线平坦,如图 3-9 所示为某款动圈话筒频率响应图。

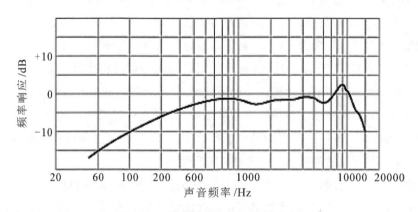

图 3-9　某款动圈话筒的频率响应图

指向性是指话筒灵敏度随声波入射方向变化而变化的特性。常见麦克风的指向性有全向型、心型、超心型、8字型等,如图 3-10 所示。全向型麦克风可以等量接受各方向的声音,驻极体话筒都是全向型麦克风。心型麦克风对正前方的音频信号灵敏度非常高,而到了话筒的侧面(90°处),其灵敏度也不错,但是比正前方要低 6 dB,对于来自话筒后方的声音,则具有非常好的屏蔽作用,这种话筒非常适合多重录音环境、现场演出,其屏蔽功能能够切断或剔除大量室内环境或室外演出过程中产生的回音和环境噪音。8 字型话筒（也称双指向型）对来自话筒正前方和正后方的音频信号具有同样高的灵敏度，但是对来自话筒侧面的信号不太敏感。

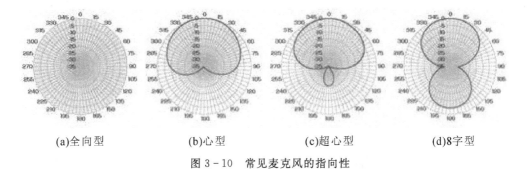

| (a)全向型 | (b)心型 | (c)超心型 | (d)8 字型 |

图 3-10　常见麦克风的指向性

此外，在麦克风产品说明书中都会列出输出阻抗值（单位：Ω）。一般低于 600 Ω 为低阻抗；600～10000 Ω 为中阻抗；高于 10000 Ω 为高阻抗。根据最大功率传输定理，当负载阻抗和麦克风阻抗匹配时，负载的功率将达到最大值。不过在大部分阻抗不匹配的情况下，麦克风依然能使用。高阻抗麦克风灵敏度有所提高，但容易感应交流声等外来干扰，电缆不宜长。舞台演出的麦克风等基本上都采用低阻抗，因为其不易引起干扰，电缆也可较长。

3.3.2　如何使用驻极体话筒

驻极体话筒是将声音信号转换为电信号的能量转换器件。常见的驻极体话筒有两端式和三端式两种，如图 3-11 所示。两端输出方式只需两根引出线，话筒的灵敏度比较高，但动态范围比较小，目前市售的驻极体话筒大多采用这种方式连接。三端输出方式电路比较稳定，动态范围大，但输出信号小。

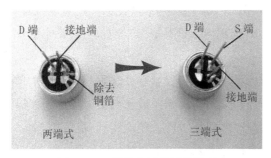

图 3-11　常见驻极体话筒类型

驻极体话筒工作原理：当内部驻极体膜片遇到声波振动时，就会引起与金属极板间距离的变化，也就是驻极体振动膜片与金属极板之间的电容随着声波变化。同时由于驻极体上的电荷数始终保持恒定，根据公式 $Q=CU$，当 C 变化时必然引起电容器两端电压 U 的变化，从而产生随声波变化而变化的交变电压。由于驻极体膜片与金属极板之间形成的"电容"容量较小（一般为几十皮法），因而它的输出阻抗值很高，约几十兆欧以上。如此高的阻抗是不能直接与一般音频放大器的输入端相匹配的，因此在话筒内接入一只结型场效应管进行阻抗变换。通过输入阻抗非常高的场效应管将电容两端电压取出来并同时进行放大,就能得到和声波相对应的输出电压信号。由于场效应管必须工作在合适的外加直流电压下,所以驻极体话筒为有源器件,在使用时必须给它加上合适的直流偏置电压,才能保证其正常工作,如图 3-12 所示。

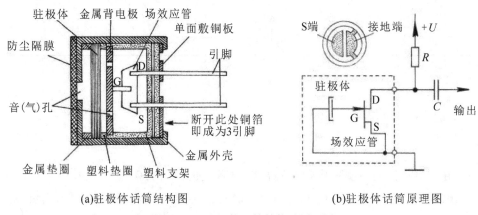

(a)驻极体话筒结构图　　　　　　　　(b)驻极体话筒原理图

图 3-12　驻极体话筒结构及原理图

选择驻极体话筒时需要考虑的参数主要有以下几个:

(1)工作电压:指驻极体话筒正常工作时,施加在话筒两端的最小直流工作电压。该参数根据型号不同而有所不同,即使是同一型号也有较大的离散性,通常厂家给出的典型值有 1.5 V、3 V 和 4.5 V。

(2)工作电流:指驻极体话筒静态时通过的直流电流,实际上就是内部场效应管的静态电流。和工作电压类似,工作电流的离散性也较大,通常为 0.1~1 mA。

(3)灵敏度:指驻极体话筒在一定的外部声压作用下所能产生音频信号电压的大小,其单位通常用 mV/Pa 或 dB(0 dB=1000 mV /Pa)表示。一般驻极体话筒的灵敏度多在 0.5~10 mV/Pa或−66~−40 dB 范围内。话筒灵敏度越高,在相同大小的声音下输出的音频信号幅度也越大。

(4)频率响应:指话筒的灵敏度随声音频率变化而变化的特性,常用曲线表示。当声音频率超出厂家给出的上、下限频率时,话筒的灵敏度会明显下降。驻极体话筒的频率响应一般较为平坦,普通产品频率响应较好(即灵敏度比较均衡)的范围为 100~10000 Hz,质量较好的话筒为 40~15000 Hz,优质话筒可达 20~20000 Hz。

(5)输出阻抗:指话筒在一定的频率(1 kHz)下输出端具有的交流阻抗。驻极体话筒经过内部场效应管的阻抗变换,其输出阻抗一般小于 3 kΩ。

(6)固有噪声:指在没有外界声音时话筒输出的噪声信号电压。话筒的固有噪声越大,工作时输出信号中混有的噪声就越大。一般驻极体话筒的固有噪声都很小,为微伏级电压。

(7)指向性:指话筒灵敏度随声波入射方向变化而变化的特性,常用的驻极体话筒绝大多数是全向型话筒,即对来自四面八方的声波都有基本相同的灵敏度。

(8)尺寸:常见驻极体话筒的尺寸有 9 mm×7 mm、6 mm×2.7 mm、4.5 mm×2.2 mm 等。

驻极体话筒在使用前首先要进行引脚识别及功能检测。对于两端式驻极体话筒与金属外壳相通端为"接地端",另一端则为"电源/信号输出端";对于三端式驻极体话筒,除了与金属外壳相通端仍然为"接地端"外,其余两端分别为"S 端"和"D 端"。由于在驻极体内部存在场效应管,其栅极与源极之间接有一只二极管,因而可利用二极管的正反向电阻特性来判别驻极体话筒的漏极 D 和源极 S,如图 3 - 13 所示。将万用表拨至 $R \times 1$ kΩ 挡,黑表笔接任一极,红表笔接另一极;再对调两表笔。比较两次测量结果,阻值较小时,黑表笔接的是源极 S,红表笔接的是漏极 D。有时引线式话筒的印制电路板被封装在外壳内部,无法看到,这时可通过引线来识别:屏蔽线为"接地端",屏蔽线中间的 2 根芯线分别为"D 端"(红色线)和"S 端"(蓝色线)。如果只有 1 根芯线(如国产 CRZ2 - 9 型),则该引线为"电源/信号输出端"。此外,通过驻极体话筒极性检测方式还可以检测驻极体话筒的好坏。在之前的测量过程中,驻极体话筒正常测得的电阻值应该是一大一小。如果正、反向电阻值均为 ∞,则说明被测话筒内部的场效应管已经开路;如果正、反向电阻值均接近或等于 0 Ω,则说明被测话筒内部的场效应管已被击穿或发生了短路;如果正、反电阻值相等,则说明被测话筒内部场效应管的栅极 G 与源极 S 之间的晶体二极管已经开路。由于驻极体话筒是一次性压封而成,所以内部发生故障时一般不能维修,只能换新。

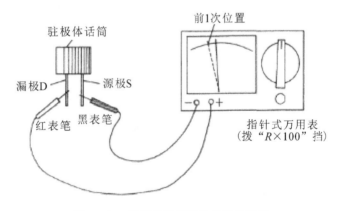

图 3 - 13　驻极体话筒极性检测示意图

此外,还可以用万用表简单检测驻极体的灵敏度。将万用表拨至 $R \times 100$ Ω 或 $R \times 1$ kΩ 电阻挡,按照图 3 - 14(a)所示,黑表笔接被测的两端式驻极体话筒的漏极 D,红表笔接地端,此时万用表指针摆动。表指针指示在某一刻度上,再用嘴对着话筒的入声孔吹一口气,万用表指针应有较大摆动。摆动幅度越大,说明被测话筒的灵敏度越高;如果没有反应或反应不明显,则说明被测话筒已经损坏或性能下降。对于三端式驻极体话筒,按照图 3 - 14(b)所示,黑表笔仍接被测话筒的漏极 D,红表笔同时接通源极 S 和接地端(金属外壳),然后按同样方法吹气检测即可。这种测量方式只能简单测试出话筒的灵敏度和大致情况,判断不出其他参数,比如失真、噪声等。

驻极体话筒的电路基本接法有两种,对应话筒引出线端的两端式和三端式,因此通常驻极体话筒共有四种不同的电路连接形式,如图 3 - 15 所示。其中源极输出电路接法的输出阻抗小于 2 kΩ,电路比较稳定,动态范围大;漏极输出电路接法由于漏极输出有电压增益,话筒灵敏度比源极输出时高,但电路动态范围略小。

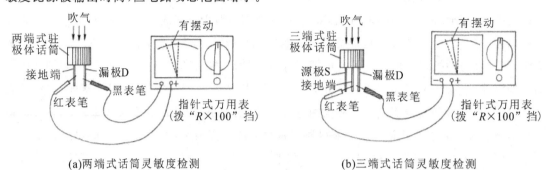

(a)两端式话筒灵敏度检测   (b)三端式话筒灵敏度检测

图 3-14   驻极体话筒灵敏度检测

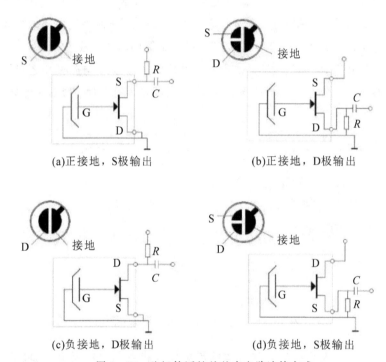

(a)正接地,S极输出   (b)正接地,D极输出

(c)负接地,D极输出   (d)负接地,S极输出

图 3-15   驻极体话筒的基本电路连接方式

    需要注意的是,驻极体话筒没有型号之分,相同引脚数的话筒可以互相代替,只是存在性能上的差别。驻极体话筒电路中源极电阻 R_s 或漏极电阻 R_D 的取值直接关系到话筒的直流偏置,对话筒的灵敏度等工作参数有较大的影响。两线制与三线制的驻极体话筒不能直接替换,一般情况下也不做改动电路的代替。

    驻极体话筒具体应用电路如图 3-16 和图 3-17 所示。图 3-16 是一个驻极体话筒的单管放大电路,其中 R_1 负责给话筒提供工作电压,R_2 和 R_3 负责给三极管 Q_1 提供偏置电压,电容 C_1 负责把驻极体话筒的信号耦合给三极管 Q_1 以便放大,最终的放大信号通过电容 C_2 耦合后送回到话筒线路正极中。

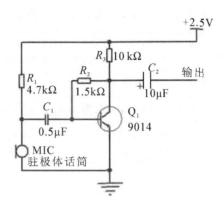

图 3-16　驻极体话筒的单管放大电路

低噪声话筒的功放电路如图 3-17 所示。该款话筒功放电路外围元件少、制作简单,同时有较好的音质。电路选用双通道单片功率放大集成芯片 TDA2822 作为放大器。该集成芯片效率高、耗电低,静态工作电流典型值只有约 6 mA,而且电压适应能力强(1.8~15V DC),即使在 1.8V 低电压下使用,仍会有约 100 mW 的功率输出。

驻极体话筒将拾取的声音信号转换成电信号后,经 C_2、W 和音频放大芯片 TDA2822 音频放大后,推动喇叭发音。本机接成桥式(BTL)输出电路,这对于改善音质、降低失真大有好处,同时输出功率也增加了 4 倍。当 3 V 供电时,电路输出功率为 350 mW。图中 C_2 最好选用独石电容器或质量好的瓷片电容;C_1、C_3、C_4 选用优质耐压 16V、漏电电流小的电解电容,MIC 选用高灵敏度驻极体话筒。

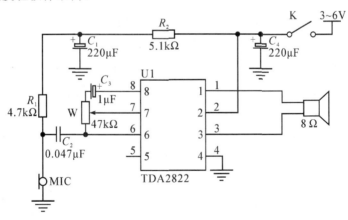

图 3-17　低噪声话筒的功放电路

3.4　光敏电阻是如何测可见光的

3.4.1　什么是光敏电阻

光敏电阻是利用半导体(如硫化镉或硒化镉等)的内光电效应制成的,其电阻值随着入射光的强弱而变化。光敏电阻对光线十分敏感,在无光照时呈高阻状态,暗阻一般可达1.5 MΩ;随着光照强度升高,电阻值迅速降低,亮阻值可小至1 kΩ 以下。普通光敏电阻对光的敏感性(即光谱特性)与人眼对可见光(0.4~0.76 μm)的响应很接近,只要人眼可感受的光,都会引起它的阻值变化。因此设计光控电路时,可直接使用 LED 灯光线或自然光线作控制光源。对红外线比较灵敏的光敏电阻称为红外光敏电阻,对紫外线比较灵敏的光敏电阻称为紫外光敏电阻。光敏电阻结构简单、形状较小、使用也比较方便,主要用于光的测量、控制与光电转换。如图 3-18 所示为光敏电阻外形及特性曲线图。

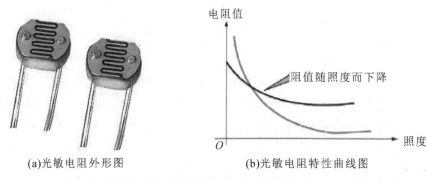

(a)光敏电阻外形图　　　　　(b)光敏电阻特性曲线图

图 3-18　光敏电阻外形及特性曲线图

通常都会将光敏电阻制成薄片结构,以便吸收更多的光能,其厚度一般有 3 mm、4 mm、5 mm、7 mm、11 mm、12 mm、20 mm、25 mm 等。当光敏电阻受到光照时,半导体片(光敏层)内就激发出电子-空穴对,参与导电,使电路中电流增强。光敏电阻通常由光敏层、玻璃基片(或树脂防潮膜)和电极等组成,如图 3-19 所示。光敏电阻最上方是两片梳状金属电极;中间是半导体光敏层,实际上是通过涂抹、喷涂及烧结等方式在陶瓷基板上形成一层很薄的半导体光敏层;下面是陶瓷基板,两侧是两只金属引脚。在整个结构外部由一层透明树脂防潮膜包裹着,起到透光、防潮及加固的作用。为了获得高灵敏度,光敏电阻的电极常采用梳状图案,在顶部有两片呈梳状的金属电极,一般分为九线和七线,且两片金属电极的梳齿是互相交错的,从波纹状的梳齿间隙里露出来的物质即为半导体光敏层。

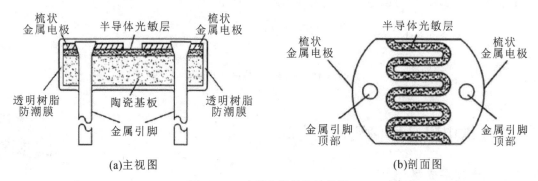

(a)主视图　　　　　　　　　　　(b)剖面图

图 3-19　光敏电阻结构示意图

选择光敏电阻需要考虑的参数主要有以下几个：

（1）光电流、亮阻：室温条件下，当有光照射时，光敏电阻在一定的外加电压下，流过的电流称为光电流。外加电压与光电流之比称为亮电阻，一般在千欧级或以下。

（2）暗电流、暗阻：室温条件下，当没有光照射的时候，光敏电阻在一定的外加电压下，流过的电流称为暗电流。外加电压与暗电流之比称为暗电阻，一般在兆欧级。

（3）灵敏度：指光敏电阻不受光照射时的电阻（暗阻）与受光照射时的电阻（亮阻）的相对变化值。光敏电阻灵敏度比较高，但是随光照强度变化呈非线性变化，不适宜线性测量，一般用作光电开关。

（4）光谱响应：又称光谱灵敏度，指光敏电阻在不同波长的单色光照射下的灵敏度。光敏电阻对入射光的光谱具有选择作用，使光敏电阻灵敏度最高的波长即为光谱峰值。将不同波长下相对灵敏度画成曲线，即可得到光谱响应的曲线。图 3-20 所示为几种不同材料光敏电阻的光谱特性，不同波长光敏电阻的灵敏度是不同的。

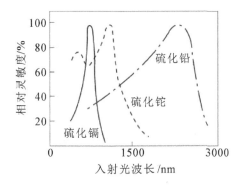

图 3-20　几种不同光敏电阻的光谱响应曲线

（5）光照特性：光照特性是光敏电阻的光电流与光强之间的关系。随着光照强度的增加，光敏电阻的阻值开始迅速下降。若进一步增大光照强度，则电阻值变化减小，然后逐渐趋向平缓。在大多数情况下，该特性呈非线性，如图 3-21 所示。因此光敏电阻不宜作为测量元件，一般在自动控制系统中常用作开关式光电信号传感元件。

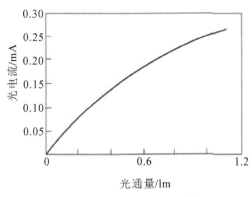

图 3-21　光敏电阻的光照特性

(6)伏安特性:在一定照度下,流过光敏电阻的电流与光敏电阻两端电压的关系称为光敏电阻的伏安特性。光敏电阻的伏安特性曲线如图 3-22 所示。

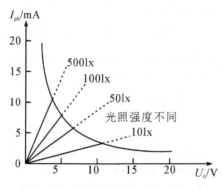

图 3-22　光敏电阻的伏安特性曲线

(7)温度特性:光敏电阻的光电效应受温度影响较大,部分光敏电阻在低温下光电灵敏较高,而在高温下的灵敏度比较低。

(8)响应时间:实验证明,光电流的变化对于光的变化在时间上有一个滞后,通常用时间常数 t 来描述,这叫做光电导的弛豫现象。所谓时间常数即为光敏电阻自停止光照起到电流下降到原来的 63% 所需的时间。因此 t 越小,响应越迅速,但大多数光敏电阻的时间常数都较大,一般约几十毫秒。

分析以上光敏电阻的主要参数特性,可以获知光敏电阻主要的特点为:

(1)价格便宜、体积小、寿命长;

(2)光谱响应范围宽,不同的材料可分别感应紫外光、可见光、红外光;

(3)灵敏度高(其暗阻可达兆欧级,亮阻仅千欧级及以下),但是呈非线性,不适宜线性测量,适合作光电开关;

(4)受温度影响较大,在低温下灵敏较高,高温下灵敏度较低;

(5)多数光敏电阻的时延都比较大,响应速度在毫秒到秒之间,不如光敏二极管快,不能用在要求快速响应的场合。

此外,光敏电阻受温度影响也比光敏晶体管大,但是光敏电阻能承受的电流是光敏晶体管的两倍以上,且由于光敏电阻没有采光镜头,因此可以接受从正面任何方向入射的光。某类光敏电阻的参数见表 3-2。

表 3-2　某类光敏电阻的参数表

型号 规格 $\phi5$	最大 电压 /V DC	最大 功耗 /mW	亮电阻 10lx/kΩ	暗电阻 /MΩ	工作 温度 /℃	光谱 峰值 /nm	响应时间/ms	
							上升	下降
T5516	150	90	5~10	0.2	−30~70℃	540	30	30
T5528	150	100	8~20	1	−30~70℃	540	20	30

型号规格 φ5	最大电压 /V DC	最大功耗 /mW	亮电阻 10lx/kΩ	暗电阻 /MΩ	工作温度 /℃	光谱峰值 /nm	响应时间/ms	
							上升	下降
T5537	150	100	18～50	2	−30～70℃	540	20	30
T5539	150	100	30～90	5	−30～70℃	540	20	30
T5549	150	100	45～140	10	−30～70℃	540	20	30

3.4.2 如何使用光敏电阻

光敏电阻与普通电阻一样,没有正负极之分。在使用前可用万用表电阻挡对光敏电阻的暗阻和亮阻分别进行检测(如图 3-23 所示)。

(1)暗阻检测:测试暗阻时,先用黑纸片遮住光敏电阻的受光窗口或用不透明的遮光罩将光敏电阻盖住,然后用万用表置 $R×1$ kΩ 或 $R×10$ kΩ 挡测其电阻值。此时万用表读数即为暗阻,阻值应很大或接近于无穷大,通常为兆欧数量级。暗阻越大,说明光敏电阻性能越好,若此值很小或接近于零,说明光敏电阻已损坏,不能继续使用。

(2)亮阻检测:测试亮阻时,先在透光状态下用手电筒照射光敏电阻的受光窗口,然后将万用表置 $R×1$ kΩ 挡测其电阻值。此时万用表读数即为亮阻,阻值通常为数千欧或数十千欧。亮阻越小,说明光敏电阻性能越好,若此值很大或为无穷大,说明光敏电阻内部已开路损坏,不能使用。

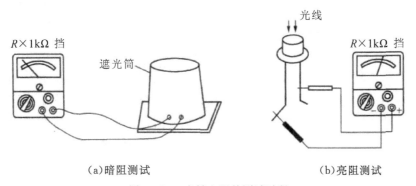

(a)暗阻测试　　　　　　　　　　　　(b)亮阻测试

图 3-23 光敏电阻的测试过程

图 3-24 是通过光敏电阻实现的光控开关应用电路原理图。电路中将光敏电阻与电阻 R_1 串联,没有光照的时候,电阻 R_1 两端的电压达不到三极管 Q_2 的开启电压,Q_2 不导通,使得 Q_1 也不导通,继电器 K 不闭合,灯泡熄灭。一旦受到光照,光敏电阻阻值迅速下降,R_1 两端电压升高,三极管 Q_2 导通,从而导致后级 Q_1 三极管也导通,使得开关 K 闭合,灯泡工作。

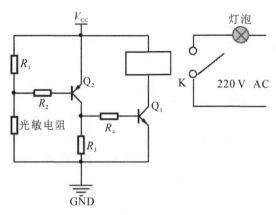

图 3-24　光控开关应用电路

如图 3-25 所示是一种典型的光控调光电路,其工作原理是:当周围光线变弱时引起光敏电阻 R_g 阻值增加,使加在电容 C 上的分压上升,进而使可控硅的导通角增大,达到增大照明灯两端电压的目的。反之,若周围的光线变亮,则 R_g 的阻值下降,导致可控硅的导通角变小,照明灯两端电压也同时下降,使灯光变暗,从而实现对灯光照度的控制。注意:该电路中整流桥给出的是必须是直流脉动电压,不能将其用电容滤波变成平滑直流电压,否则电路将无法正常工作。其原因在于直流脉动电压既能给可控硅提供过零关断的基本条件,又可使电容 C 的充电在每个半周从零开始,准确完成对可控硅的同步移相触发。

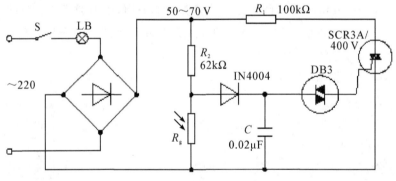

图 3-25　光控调光电路

如图 3-26 所示是一种光控 LED 标牌装饰灯电路,该电路中,电源电路由降压电容 C_1、整流二极管 VD、稳压二极管 VS 和滤波电容 C_2 组成;光控电路由光敏电阻 R_g、电阻 R_1、晶体管 V 和晶闸管 VT 组成;LED 显示电路由整流桥堆 U_R、电阻 R_2、电容 C_3 和发光二极管串 VL (由数百只发光二极管串、并联而成)组成。交流 220 V 电压一路经 C_1 降压、VD 整流、VS 稳压及 C_2 滤波后,产生＋7.5 V 电压,作为光控电路的工作电源;另一路经 U_R 整流、R_2 限流降压及 C_3 滤波后,驱动 VL 发光。在白天时,光敏电阻 R_g 受光照射而呈低阻状态,V 因基极为低电平而处于截止状态,其发射极无触发电压输出,VT 不导通,C_3 两端无电压,VL 不发光。夜幕降临后,R_g 的阻值变大,V 获得工作电压而导通,其发射极输出的触发电压使 VT 导通,发光二极管串 VL 点亮。VL 可根据需要用 2~4 组发光二极管串联(每组用 100 只 ϕ5 mm 或

$\phi 8$ mm 的发光二极管串联)或并联。

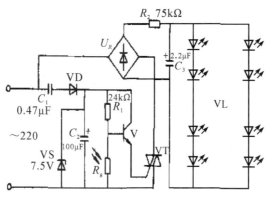

图 3-26　光控 LED 标牌装饰灯电路

3.5　光敏晶体管是如何测可见光的

3.5.1　什么是光敏晶体管

　　光敏晶体管(简称"光敏管")是利用半导体材料的内光电效应原理制成的特殊光传感器件,它能够将光信号转变成电信号。光敏晶体管与光敏电阻相比具有灵敏度高、高频性能好、可靠性好、体积小、使用方便等优点。将光敏晶体管产生的电信号进一步处理后,可以更便利地完成各种各样的自动控制或检测等任务,因此光敏晶体管在各种光控、光探测、光纤通信等装置中应用都很普遍。光敏晶体管还常常和发光器件(通常是发光二极管)合并在一起组成一个模块(即光电耦合元件),然后通过分析接收到的光照情况确定外部机械元件的运动情况或在模拟电路与数字电路之间充当中介,利用光信号耦合两部分电路,提高电路安全。

　　光敏晶体管主要有光敏二极管(也称光电二极管)和光敏三极管(也称光电三极管)两大类。光敏晶体管通过对不同光线的敏感程度进行划分,有常见的对可见光敏感的普通光敏晶体管,也有对红外光敏感的红外光敏晶体管(也叫红外接收管),还有对紫蓝光、红光、绿光等敏感的特殊光敏晶体管等。常用光敏晶体管的实物外形如图 3-27 所示,需要注意的是,大多数光敏三极管只有集电极 c 和发射极 e 两根引脚,其外形与光敏二极管几乎完全一样,因此较难通过外形进行区分。部分光敏三极管基极 b 有引脚导出,常作温度补偿或附加控制用。

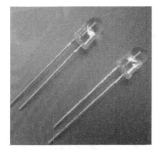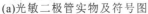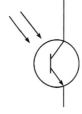

(a)光敏二极管实物及符号图　　　　　　(b)光敏三极管实物及符号图

图 3-27　光敏晶体管实物及符号图

光敏二极管与普通二极管在结构上类似,其管芯是一个具有光敏特征的 PN 结,具有单向导电性。无光照时,光敏二极管中有很小的饱和反向漏电流,即暗电流,此时光敏二极管反向截止。当受到光照时,光敏二极管饱和反向漏电流大大增加,形成光电流,且随入射光强度的变化而变化。其原理是当光线照射 PN 结时,可以使 PN 结中产生电子-空穴对,使少数载流子的密度增加。这些载流子在反向电压下漂移,使反向电流增加,故可以利用光照强弱来改变电路中的电流。因此光敏二极管在工作时需两端加上反向电压,才能通过光信号来控制电路导通或断开。光敏晶体管基本工作电路如图 3-28 所示。此外,光敏二极管在一定范围内(通常为 $10\sim1500$ lx)对光强具有较好的线性响应,还可以通过测 R 的电压得到入射光强度。

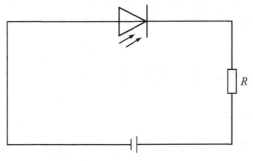

图 3-28 光敏晶体管基本工作电路

光敏二极管根据制造材料不同,可分为硅管、锗管两大类;按制造结构和工艺不同,可分为 PN 结型、PIN 结型(可工作在高频下)、雪崩型(灵敏度很高)和肖特基结型 4 种。常用的光敏二极管多为硅材料 PN 结型管。

光敏三极管是在光敏二极管的基础上发展起来的光电转换器件,可以等效地看作是由一个光敏二极管和一个半导体三极管结合而成,因此它不但具有和光敏二极管一样的光敏特性,而且还具有一定的电流放大能力,使用更方便、更广泛。光敏三极管是具有两个 PN 结的半导体器件,在功能上可将它等效看成是在一个普通晶体三极管的基极 b 和集电极 c 之间加接了一个光敏二极管。一般情况下,只引出集电极和发射极,其外形与光敏二极管相同,如图3-29所示。

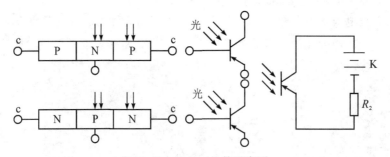

图 3-29 光敏三极管示意图

光敏三极管同普通三极管在内部构造上没有根本的区别,但光敏三极管的基区是接受光的地方,所以基区面积做得比普通三极管的要大一些,而发射极面积却小得多。因此,集电极电流不仅受基极电流控制,同时也受光辐射控制。不过通常光敏三极管基极不引出,此时仅受光辐射控制。由于光敏三极管的电流放大作用,使光敏三极管对光线照射的反应灵敏度大大提高。在同样的光照条件下,光敏三极管所产生的光电流要比光敏二极管大几十倍甚至几百倍。光敏三极管在正常运用时,其集电极 c 和发射极 e 之间接直流电压,与相同导电极性的 NPN 或 PNP 普通三极管完全一致。

光敏三极管按制造材料和导电极性不同,可分为硅 NPN 型、硅 PNP 型、锗 NPN 型和锗 PNP 型 4 种;按结构类型不同,可分为普通光敏三极管和复合型(达林顿型)光敏三极管。常用的光敏三极管多为硅 NPN 型管。

光敏二极管的光电流小,输出线性度好,响应时间短;而光敏三极管具有电流放大作用,反应灵敏度得到大大提高,但是其输出线性度较差,响应时间长。一般在要求灵敏度高、工作频率低的开关电路中选用光敏三极管,而在要求光电流和照度成线性关系或要求在高频率下工作时,采用光敏二极管。

国产光敏二极管和光敏三极管的命名方法与普通晶体二极管、晶体三极管相同,其型号也是由 5 个部分组成(也有省掉第 5 部分的),如 2CU1A、3DU8 等。其中,第 1 部分用阿拉伯数字表示二极管或三极管(并非代表引脚数目);第 2 部分用汉语拼音字母表示管子的材料和极性,如"A"为锗 N 型或 PNP 型、"B"为锗 P 型或 NPN 型、"C"为硅 N 型或 PNP 型、"D"为硅 P 型或 NPN 型;第 3 部分用汉语拼音字母"U"表示光敏管;第 4 部分用阿拉伯数字表示产品序号,第 5 部分用汉语拼音字母表示产品规格,主要用来区分有关参数的差异等,具体可查有关手册获知。不过大多数光敏晶体管的型号都不会、也无法在管壳上面标注出来。

光敏二极管与光敏三极管可以通过万用表 1 kΩ 电阻挡的测量来区分:

(1)光敏二极管:①无光照情况下,光敏二极管正向电阻约 10 kΩ,反向电阻应为 ∞;②有光照情况下,光敏二极管正向电阻约 10 kΩ,反向电阻应随光照增强而减小,阻值可小至 1 kΩ 以下。

(2)光敏三极管:①无光照情况下,光敏三极管正反向电阻应为 ∞;②有光照情况下,光敏三极管反向电阻可达 ∞;正向电阻随光照增强而减小,可达 1 kΩ 以下。

3.5.2 如何使用光敏晶体管

光敏晶体管的种类很多,而且参数相差较大,要根据电路的要求选用。首先确定类别,再确定型号,最后从同型号中选用参数满足电路要求的光敏晶体管。因此,在使用光敏晶体管之前,首先要了解光敏晶体管需要注意的主要参数。

(1)最高工作电压:指在无光照且反向电流不超过规定值(通常硅管为 0.1 μA)的前提下,光敏二极管允许加的最高反向工作电压;或指在无光照、集电极漏电流不超过规定值(硅管约为 0.5 μA)的前提下,光敏三极管允许加的最高工作电压。光敏晶体管的最高工作电压一般为 10~100 V,使用中不要超过此值。

(2)暗电流:指在无光照的情况下,给光敏晶体管施加规定的工作电压时,流过晶体管的漏电流。暗电流越小越好,这样的晶体管性能稳定,检测弱光的能力强。暗电流随环境温度的升高会逐步增大。

(3)光电流:指在规定的光照条件下,给光敏晶体管施加规定的工作电压时,流过光敏晶体管的电流。光电流越大,说明光敏晶体管的灵敏度越高。

(4)光电灵敏度:反映光敏晶体管对光的敏感程度的参数,用 $1\mu W$ 入射光所能产生的光电流来表示,单位是 $\mu A/\mu W$ 或 $mA/\mu W$。实际应用时,光电灵敏度越高越好。

(5)响应时间:指光敏晶体管将光信号转换成电信号所需要的时间。响应时间越短,说明反应速度越快,工作频率也就越高。光敏晶体管的响应时间远小于光敏电阻,最小可以达到几十纳秒。

具体比较光敏二极管与光敏三极管的特性,可知光敏二极管的光电流小(微安级电流),输出线性度好,响应时间快(百纳秒以下);光敏三极管的光电流大(毫安级电流),输出线性度较差,较易受周围温度影响,光电流波动较大,响应时间慢($5\sim10\mu s$)。所以,一般要求灵敏度高、工作频率低的开关电路,选用光敏三极管;而要求光电流与照度成线性关系或要求在高频率下工作时,应采用光敏二极管。此外,光敏三极管常用在反射受光场合,光敏二极管一般都是直接受光场合。

如图 3-30 所示是一个光控 LED 电路。光敏二极管虽然能将光信号转换为电信号,但是输出的光电流很小,不能直接带动较大的负载,必须用放大器将信号放大。图中晶体管 Q_1 与 Q_2 以复合三极管模式构成高倍放大器件,发光二极管 VL 为电路负载,R_1 为 VL 的限流电阻,R_2 是光敏二极管 VD_P 的限流电阻,同时又是晶体管 Q_1 的偏置电阻。闭合电源开关 K,当光照 VD_P 后,三极管 Q_1 与 Q_2 才能导通通,发光二极管 VL 点亮,且随着光照增加,发光二极管 VL 亮度也增加。

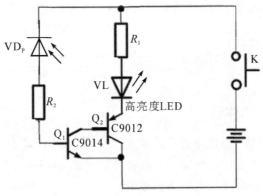

图 3-30 光控 LED 电路

如图 3-31 所示是光控继电器电路。图 3-31(a)是亮通光控继电器电路,当有光照射光敏二极管 VD_P 时,光敏二极管阻值减小,使三极管 Q_1 与 Q_2 导通,继电器 J 吸合。若将该电路中光敏二极管 VD_P 移至电阻 R_4 处,则该电路变成暗通光控继电器电路,如图 3-31(b)所示,当有光照射光敏二极管时,光敏二极管阻值减小,使得三极管 Q_1 与 Q_2 截止,继电器 J 不会工作;只有光敏二极管无光照射时,三极管 Q_1 与 Q_2 才会导通,继电器 J 才会被吸合。

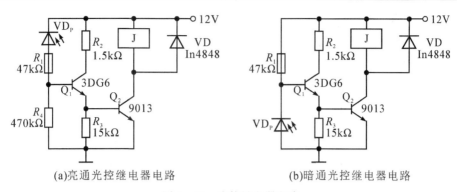

(a)亮通光控继电器电路　　　　(b)暗通光控继电器电路

图 3-31　光控继电器电路

如图 3-32 所示是光控语音报警电路,它由光控开关电路和语音集成电路两部分组成。图中,光敏三极管 VT_1 和晶体三极管 VT_2,电阻 R_1、R_2、R_3 和电容 C_1、C_2 等构成光控开关电路。语音集成电路 IC 及三极管 VT_3、电阻 R_4、R_5 等构成语音放大电路。平常在光源照射下,VT_1 呈低阻状态,VT_2 饱和导通,IC 触发端 3 脚得不到正触发脉冲而不工作,扬声器无声。当 VT_1 被物体遮挡时,便产生一个负脉冲电压,并通过 C_1 耦合到 VT_2 的基极,导致 VT_2 进入截止状态,IC 获得一个正触发脉冲而工作,输出音频信号通过 VT_3 放大,推动扬声器发出声响。

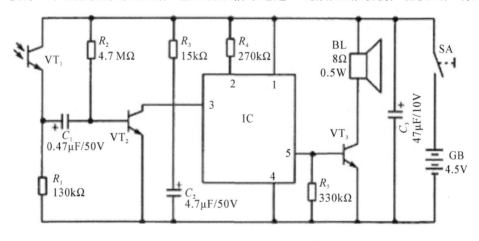

图 3-32　光控语音报警电路

图 3-33 是基于光敏三极管的烟雾报警器电路。该烟雾报警器电路是由红外发光管、光敏三极管构成的串联反馈感光电路、半导体管开关电路和集成报警电路等组成。当被监视的环境洁净无烟雾时,红外发光二极管 VD_1 以预先调好的起始电流发光。该红外光被光敏三极管 VT_1 接收后其内阻减小,使得 VD_1 和 VT_1 串联电路中的电流增大,红外发光二极管 VD_1 的发光强度相应增大,光敏三极管内阻进一步减小。如此循环便形成了强烈的正反馈过程,直至使串联感光电路中的电流达到最大值,在 R_0 上产生的压降经 VD_2 使 VT_2 导通,VT_3 截止,报警电路不工作。当被监视的环境中烟雾急速增加时,空气中的透光性恶化,此时光敏三极管 VT_1 接收到的光通量减小,其内阻增大,串联感光电路中的电流也随之减小,发光二极管 VD_1 的发光强度也随之减弱。如此循环便形成了负反馈过程,使串联感光电路中的电流直至减小

到起始电流值，R_0 上的电压也降到小于 1.2 V，使 VT_2 截止，VT_3 导通，报警电路工作，发出报警信号。C_1 是为防止短暂烟雾的干扰而设置的。

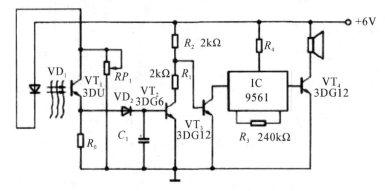

图 3-33　基于光敏三极管的烟雾报警电路

3.6　如何制作声光控楼道灯

本次任务为制作一个声光控楼道灯（采用 LED 替代楼道灯），具体功能要求有：

(1)可实现通过声音、可见光控制楼道灯亮灭；

(2)声音控制楼道灯点亮后需维持 10 秒。

1.设计任务分析

声光控楼道灯制作可选用的可见光检测传感器有：光敏电阻、光敏二极管、光敏三极管等。从楼道灯对可见光检测的速度要求及实现的容易程度综合考虑，选用光敏电阻作为项目用的可见光传感器。同时，选用驻极体话筒作为声音检测传感器。为降低电路成本，整个电路采用一块集成芯片 CD4011 完成声音信号的放大及判别声光信号是否达到点亮楼道灯的要求。此外，电路通过控制电容放电速度来实现楼道灯点亮后的维持功能。该项目的电路原理图如图 3-34 所示，器件清单见表 3-3。

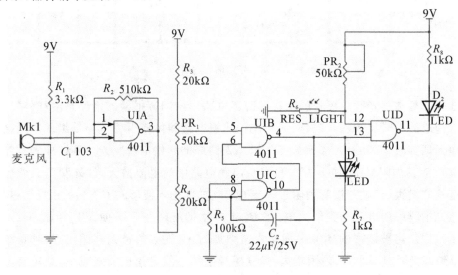

图 3-34　声光控楼道灯原理图

表 3 - 3 声光控楼道灯器件清单表

序号	名称	型号	数量
1	焊接板	—	1
2	与非门	CD4011	1
3	芯片插座	DIP14	1
4	光敏电阻		1
5	MIC	—	1
6	瓷片电容	103	1
7	电解电容	22 μF/25 V	1
8	电位器	50 kΩ	2
9	1/4W 电阻	1 kΩ	2
10		3.3 kΩ	1
11		20 kΩ	1
12		100 kΩ	1
13		510 kΩ	1
14	LED	—	2

2. 调试步骤

(1)将 CD4011 芯片 5 脚临时接地,此时 CD4011 芯片 4 脚输出高电平。调节 PR_2,使光敏电阻 R_6 检测到可见光时 CD4011 芯片 11 脚输出高电平,发光二极管 D_2 熄灭;用物品挡住光敏电阻 R_6 使其检测不到可见光时,CD4011 芯片 11 脚输出低电平,发光二极管 D_2 点亮。至此,光控部分调节完毕。

(2)将 CD4011 芯片 5 脚临时接地除去。用示波器观察 CD4011 芯片 3 脚波形,有声音时,示波器中应该能观察到一段由声音引起的振荡波形。

(3)用示波器观察 CD4011 芯片 4 脚波形,同时调节 PR_1,使得无声音时,该点为低电平,发光二极管 D_1 熄灭;有声音时该点为高电平,发光二极管 D_1 点亮(注意:如果 D_1 常亮,则需要提高 CD4011 芯片 5 脚输入电压;如果 D_1 常暗,则需要降低 CD4011 芯片 5 脚输入电压)。

(4)最后综合调试。有可见光存在时,无论是否有声音,发光二极管 D_2 都熄灭,但有声音时发光二极管 D_1 会点亮一段时间后熄灭。无可见光时,没有声音,则发光二极管 D_1、D_2 都熄灭;有声音,则发光二极管 D_1、D_2 都点亮一段时间后熄灭。至此,调试完毕。

注意:CD4011 电源脚(14 脚)与地线脚(7 脚)在原理图中被隐藏,需要另外连接。

3. 请根据项目原理回答下列问题

(1)分析前述声光控路灯原理图回答以下几个问题。

①当有声音信号时,驻极体电容 MK1 对电路有什么影响?

②当光信号变弱后,光敏电阻有什么变化?

③该电路中使用了四个与非门(U1A、U1B、U1C、U1D),请分析其在电路中的作用。

④电位器 PR_1、PR_2 的调节对检测电路有什么影响?

⑤电解电容 C_2 在电路中起什么作用,电阻 R_7 在电路中起什么作用? 如何延长发光二极

管 D_2 点亮后的维持时间?

(2)叙述在项目制作过程中遇到的问题并提出解决办法。

项目 3 小结

本项目主要学习了声音检测及分贝概念、可见光检测及其分类,同时还详细介绍了驻极体话筒、光敏电阻、光敏二极管、光敏三极管的检测原理及具体应用。学习的重点是声音分贝的定义,可见光检测中不同传感器的测量原理,以及具体应用中如何根据工程实际情况进行传感器选择。还特别需要注意的是,由于不同可见光检测传感器具有不同特点,其测量电路也各有不同。

➡️ 课后习题

一、判断题

1.声敏传感器使用的是与人类耳朵相似具有频率反应的电麦克风。 （　　）

2.物体在振动就一定会产生声音。 （　　）

3.光敏电阻的暗电阻比较小。 （　　）

4.当温度升高时,光敏电阻的暗电阻和灵敏度都下降,因此暗电流随温度升高而增大。（　　）

5.光敏二极管是根据光生伏特效应制成的。 （　　）

6.光敏二极管与普通二极管一样,也都是由 PN 结组成的,在使用中两端加正向电压。（　　）

7.封装在光电隔离耦合器内部的是一个发光二极管和一个光敏晶体管。 （　　）

8.光电池是一种直接将光能转化为电能的光电器件。 （　　）

二、选择题

1.传感器在日常生活中应用非常广泛,以下与传感器有关的几种说法错误的是（　　）。

　　A.光敏电阻能够把光照强弱这个光学量转换为电阻这个电学量

　　B.热敏电阻能够把温度这个热学量转换为电阻这个电学量

　　C.天黑后楼道灯只有在出现声音时才亮,说明它的控制电路中只有声传感器

　　D.话筒是一种常用的声传感器,其作用是将声信号转换为电信号

2.动圈式话筒是基于（　　）原理工作的。

　　A.霍尔效应　　　　B.金属应变　　　　C.压电效应　　　　D.电磁感应

3.人耳可以听到的声波频率范围是（　　）。

　　A.10～10000 Hz　　　　　　　　　B.20～20000 Hz

　　A.30～30000 Hz　　　　　　　　　B.40～40000 Hz

4.在光电作用下,使电子逸出物体表面的现象称（　　）效应。

　　A.内光电　　　　B.外光电　　　　C.热电　　　　D.光生伏特

5.下列四种光电元件中,基于外光电效应的元件是（　　）。

　　A.光电管　　　　B.光敏二极管　　　　C.光敏三极管　　　　D.硅光电池

6.关于光敏电阻,下列说法正确的是(　　　)。

　A.受到的光照越强,电阻越小　　　　　B.受到的光照越弱,电阻越小

　C.它的电阻与光照强度无关　　　　　　D.以上说法都不正确

7.光敏二极管的工作条件是(　　　)。

　A.加热　　　　　　B.加正向电压　　　　C.加反向电压　　　D.零偏压

8.以下对于声音分贝的描述错误的是(　　　)。

　A.分贝不是声音绝对响度,而是一种响度相对关系

　B.在空气中,声音分贝定义的"标准值"为 20 μPa

　C.人耳朵舒适声音上限是 75 dB

　D.0 分贝代表没有声音

9.下列不是光敏电阻优点的是(　　　)。

　A.体积小　　　　　　　　　　　　　　B.重量轻

　C.受光照响应迅速　　　　　　　　　　D.机械强度高

10.光敏二极管在没有光照时产生的电流称为(　　　)。

　A.暗电流　　　　　B.亮电流　　　　　C.光电流　　　　　D.导通电流

项目 4 位移是如何检测的

4.1 什么是位移检测及其分类

4.1.1 什么是位移检测

位移是指物体(质点)在空间上产生的位置变化。根据变化方式的不同位移可以分为线位移与角位移两种,线位移是指物体沿着某一直线移动的距离,角位移是指物体绕着某一点转动的角度。

位移检测就是通过相应的传感器来获取物体的位置距离或角度变化。位移检测可以分为线位移检测和角位移检测,线位移测量用于检测直线距离,角位移测量用于检测转动角度。在日常生产生活中,位移的检测无处不在(如图 4-1 所示),从身高测量、跳远距离测量,到汽车行程、雷达测距,再到利用光干涉或扫描探针显微技术实现的纳米级测量,不同的测量环境和测量精度需要使用不同的位移传感器。

(a)身高测量   (b)倒车雷达测距   (c)数显卡尺测尺寸

图 4-1 生产生活中的位移检测

4.1.2 如何分类位移检测

在实际位移检测过程中,根据不同的测量对象要选择合适的测量点和测量系统,还需要选择不同的位移传感器。根据实际应用的不同,位移传感器有时又被称为测距传感器、位置传感器等。常见的位移传感器有编码器、电阻位移传感器、超声波传感器、电感传感器、电容传感器等,如图 4-2 所示,其中编码器、电阻式角度位移传感器为角位移检测传感器,其余为线位移检测传感器。此外,根据被测变量变换的形式不同,位移传感器还可以分为模拟式位移传感器和数字式位移传感器两类。常用的位移传感器以模拟式居多,除了编码器是数字式位移传感器外,其余都为模拟式位移传感器。数字式位移传感器可以将信号直接送入计算机系统,目前发展迅速,应用日益广泛。

编码器　将角位移通过编码器转换为与之成一定函数关系的脉冲输出，测量范围0～360°；测量分辨率好、可靠性高、可直接数字显示

普通角度编码器　　拉线编码器

电阻式位移传感器　利用滑线变阻器的原理，通过改变电阻接触点实现检测，测量范围1～1000 mm或0～360°；根据结构不同可用于角度或距离检测，检测精度较差

电阻式直线位移传感器 电阻式角度位移传感器

超声波测距传感器　利用超声波的传输速度进行测距，一般测量范围为3～500 cm；其具有无接触、低成本等优点

超声波传感器

电感式测距传感器　通过电涡流效应测量金属与探头端面距离，或改变铁芯位置利用电感公式进行检测，测距范围2.5～250 mm；其具有分辨率好、非接触、测量精度高等优点，但受物料影响大

电感式接近开关　　电感位移传感器

电容式测距传感器　通过改变传感器极板间距进行测量，测量范围0.01～100m，可测金属、非金属与探头端面的距离，测量分辨率好，但线性度差，受介电常数等环境影响大

电容式接近开关　　电容位移传感器

角位移传感器

线位移传感器

位移检测

图 4 - 2　位移检测传感器分类

4.2 编码器是如何工作的

4.2.1 什么是编码器

编码器是一种用于运动控制的传感器,主要用来测量机械运动的速度、位置、角度、距离或计数,在日常生产生活中发挥着巨大的作用。编码器能够将被测角度转换成为相应数字信号(如高速脉冲信号等)输出,也可以与拉线盒一起构成拉线编码器。常见的编码器如图 4 - 3 所示。

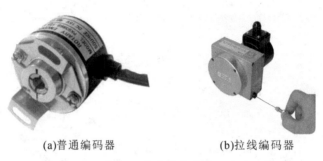

(a)普通编码器   (b)拉线编码器

图 4 - 3 常见编码器

根据检测原理的不同,编码器可以分为光电式、电磁式、电感式和电容式四类,其中应用最多的是光电式编码器。光电编码器是一种通过光电转换将输出轴上的机械几何位移量转换成脉冲信号或数字量输出的传感器,主要由光栅盘和光电探测装置组成,如图 4 - 4 所示。在由光电编码器构成的伺服系统中,由于光电码盘与电动机同轴,电动机旋转时光栅盘与电动机同速旋转,经发光二极管等电子元件组成的检测装置检测输出脉冲信号,然后通过计算每秒光电编码器输出脉冲个数就能获取当前电动机的转速。此外,为了判断电动机旋转方向,码盘还可提供相位相差 90°的两组脉冲信息输出,通过这两组脉冲的变化不仅可以测量转速,还可以判断旋转方向。

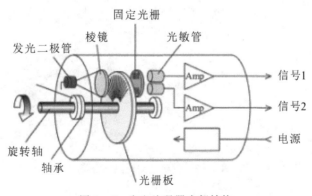

图 4 - 4 光电编码器内部结构

根据码盘刻孔方式的不同,编码器又可以分为增量式编码器和绝对式编码器两类。

增量式编码器是将位移转换成周期性的电信号,再把这个电信号转变成计数脉冲,用脉冲的个数表示位移的大小。增量式编码器码盘及输出信号的示意图如图 4-5 所示。最普通的增量式编码器直接利用光电转换原理输出一组方波脉冲(即 A 相),用于计算角位移大小;为了获得转动信息及位置校正,改进的增量式编码器利用光电转换原理输出三组方波脉冲 A、B 和 Z 相。A、B 两组脉冲相位差 90°,从而可方便地判断出旋转方向,而 Z 相为每圈输出一个脉冲,用于基准点定位。常见的增量式编码器输出有 5 线制、7 线制两类,5 线制的输出为 A、B、Z 三相和电源正负极,7 线制的输出为 A+、A-、B+、B-、Z 和电源正、负极。

同时,增量式编码器测量分辨率是由编码器码盘上光栅的数量来决定的,该值被称为编码器的线。比如 500 线增量编码器就是编码器码盘上光栅的数量为 500 条,旋转整一圈可输出 500 个脉冲信号,常用的还有 100、200、300、1000、2000 线增量编码器等。增量式编码器的线数量越多,测量的角度越精确。

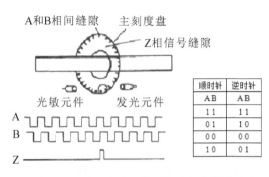

图 4-5 增量式编码器码盘及输出信号示意图

增量式编码器按信号的输出类型可以分为集电极开路输出、电压输出、推挽互补输出和差分驱动等几种模式,如图 4-6 所示。集电极开路输出是以输出电路的晶体管发射极作为公共端,并且集电极悬空的输出模式;电压输出是在集电极开路输出的电路基础上,在电源和集电极之间接入一个上拉电阻,使得集电极和电源之间能有一个稳定电压状态的输出模式;推挽互补输出是输出设备上具备 NPN 和 PNP 两种输出晶体管,并根据输出信号的高、低状态使得 2 个输出晶体管交互进行开、关动作的输出模式,该模式比集电极开路输出的电路传输距离稍远;差分驱动输出是采用 RS-422 标准,以差分形式输出,用 AM26LS31 芯片应用于高速、长距离数据传输的输出模式。该模式抗干扰能力更强,但输出信号需使用专门能接收线性驱动输出的设备才能接收。

增量式编码器的优点是原理构造简单,使用寿命长(其平均寿命可达几万小时),抗干扰能力强,可靠性高,故适合长距离传输;其缺点是无法输出轴转动的绝对位置信息。如果要获知增量式编码器输出轴转动的绝对位置信息,只有通过计数设备记录输出脉冲个数来确定其位置。当编码器不动或停电时,要依靠计数设备的内部记忆来记住位置,但是停电后编码器不能有任何的移动。当来电工作时,编码器输出脉冲过程中也不能有干扰而丢失脉冲,否则计数设备记忆的零点就会偏移,而且这种偏移的量无法预知,只有错误的结果出现后才能知道。其解决的方法是增加参考点 Z,编码器每经过参考点,将参考位置修正进计数设备的记忆位置。在增加参考点以前,不能保证位置的准确性。为此,在工控中就有每次操作先找参考点,开机找零等要求。比如,打印机、扫描仪的定位就是利用增量式编码器原理,每次开机都能听到一阵响声,就是机器在找参考零点,然后才工作。这样的方法对有些工控项目比较麻烦,甚至不允许开机找零(开机后就要知道准确位置),于是就有了绝对编码器的出现。

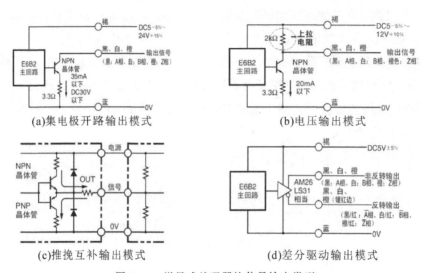

(a)集电极开路输出模式　　　　　　(b)电压输出模式

(c)推挽互补输出模式　　　　　　(d)差分驱动输出模式

图 4-6　增量式编码器按信号输出类型

　　绝对式编码器是利用自然二进制或循环二进制(格雷码)方式进行光电转换并直接输出数字量的传感器。在它的圆形码盘上沿径向有若干同心码道,每条道上由透光和不透光的扇形区相间组成。相邻码道的扇区数目是双倍关系,码盘上的码道数就是它的二进制数码的位数(如图 4-7 所示)。当绝对编码器工作时,在码盘的一侧是光源,另一侧对应每一码道有一光敏元件,当码盘处于不同位置时,各光敏元件根据是否受光照转换出相应的电平信号形成二进制数。这种编码器的特点是不要计数器,在转轴的任意位置都可读出一个固定的与角度坐标相对应的数字码,从而获得编码器当前绝对位置,而且没有累积误差,在电源切除后位置信息不会丢失。绝对式编码器的每一个位置对应一个确定的数字码,因此它的示值只与测量的起始和终止位置有关,而与测量的中间过程无关。

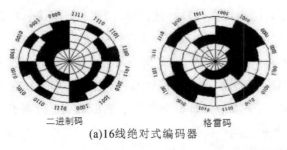 

　　二进制码　　　　　　格雷码

(a)16线绝对式编码器　　　　　　(b)1024线绝对式编码器

图 4-7　绝对式编码器码盘

绝对式编码器的测量分辨率由光栅盘上的码道决定。光栅盘上码道越多,其分辨率就越高。对于一个具有 n 位二进制分辨率的编码器,其光栅盘必须有 n 条码道,同时该绝对式编码器也需要有 n 条数据线输出,可以称为 n 位绝对式编码器,常用的有 10 位、12 位、14 位等。我们也可以用与增量编码器类似的线类命名绝对式编码器,线值定义为 2 的位数次方,即 10 位、12 位、14 位绝对式编码器,也可以称为 1024 线、4096 线、16394 线绝对式编码器。绝对式编码器由机械模式决定每个位置的唯一性,不用一直计数,任何时候想知道位置立即读取其脉冲数据即可,而且无需掉电记忆,无需找参考点。因此,绝对式编码器在定位方面明显优于增量式编码器,且抗干扰能力、数据的可靠性大大提高,已经越来越多地应用于工控定位中。

4.2.2 如何使用编码器

编码器在使用过程中可以直接与单片机或可编程逻辑控制器(PLC)等控制系统连接。增量式编码器输出信号有 A、B、C 三相,故可使用单片机或 PLC 的三个 I/O 口与之相接。由于 C 相输出在多数情况下可以不用,因此接口电路可只占用单片机或 PLC 的两个 I/O 口。在实际使用时,可以根据编码器信号线的长度及电磁干扰的程度,在编码器与单片机或 PLC 之间增加光电耦合器等,以抵抗干扰,调理编码器的输入信号。

增量型编码器与单片机的接口电路如图 4-8 所示。在这一接口方式中,将编码器的 A 相与单片机的外部中断 IN0 脚相连,而 B 相占用单片机的一个 I/O 口 P1.0。两个上拉电阻是为了使系统没有接入编码器时,门电路有确定的电位输入。

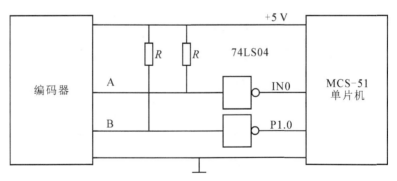

图 4-8 编码器与单片机的接口

图 4-9 中,编码器有 4 条引线,其中 2 条是脉冲输出线,1 条是 COM 端线,1 条是电源线。编码器的电源可以是外接电源,也可直接使用 PLC 的 DC 24 V 电源。PLC 电源"−"端要与编码器的 COM 端连接,"+"端与编码器的电源端连接。同时编码器的 COM 端与 PLC 输入的 COM 端连接。编码器 A、B 两相脉冲输出线直接与 PLC 的输入端连接,连接时要注意 PLC 输入的响应时间。

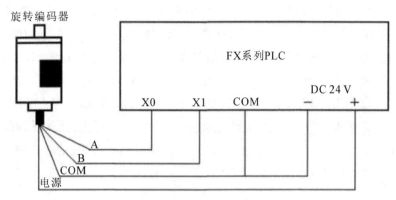

图 4-9 编码器与 PLC 的接口

绝对值编码器内部是多码道读数,数值为 $2^0 \sim 2^{n-1}$ 的编码,故它的输出不同于增量的脉冲输出,使用绝对值编码器要比增量式编码器更复杂一些。绝对值编码器根据其输出信号模式不同可以分为并行输出、同步串行输出、异步串行总线式输出、模拟信号转换输出等。

1. 并行输出

并行输出的绝对值编码器的信号电缆数量与其码道数相同,每根电缆代表一位数据,并以电缆输出电平的高低代表 1 或 0。并行输出的绝对值编码器同样具有集电极开路、电压输出、推挽输出、差分输出等输出模式,其中推挽式输出信号电压较高,电压范围宽,器件不易损坏。并行输出的绝对值编码器一般以格雷码的数字形式输出,所以也被称为格雷码编码器,十进制数的自然二进制码与格雷码对比见表 4-1。

表 4-1 十进制数的自然二进制码与格雷码对比表

十进制数	4 位自然二进制码	4 位典型格雷码	十进制数	4 位自然二进制码	4 位典型格雷码
0	0000	0000	8	1000	1100
1	0001	0001	9	1001	1101
2	0010	0011	10	1010	1111
3	0011	0010	11	1011	1110
4	0100	0110	12	1100	1010
5	0101	0111	13	1101	1011
6	0110	0101	14	1110	1001
7	0111	0100	15	1111	1000

对于位数不高的绝对值编码器,一般采用并行输出模式。该模式可以直接进入后续设备如单片机或 PLC 的 I/O 接口并读取电平的高低,即时输出、连接简单。但是并行输出有如下问题:

(1)输出必须为格雷码。因为纯二进制码在数据刷新时可能有多位变化,会在短时间里造成错码。例如,从十进制的 3 转换为 4 时,二进制码的每一位都要变,会使数字电路产生很大的尖峰电流脉冲。格雷码在相邻位间转换时,只有一位产生变化,避免了数字电路产生很大尖峰电流脉冲。且这种编码相邻的两个码组之间只有一位不同,当方向的转角位移量发生微小变化引起数字量变化时,格雷码仅改变一位,这样与其他编码同时改变两位或多位的情况相比更可靠,即减少了出错的可能性。

(2)位数较多时,占用后续设备的多点接口,且所有接口和电缆必须确保连接好。如有个别点连接不良,该点电位始终是 0,会造成错码而无法判断,由此增加工程难度并带来可靠性隐患。对于编码器,要同时输出许多节点,尤其是高位或多圈编码器,器件集中在编码器内部,会增加编码器器件的故障损坏率。

(3)传输距离不能过远。并行输出模式对于不同物理器件传输的距离不同,一般在 10 m内使用;对于复杂环境,最好有隔离。

2.同步串行输出

串行输出是数据集中在一组电缆上传输,并约定在时间上有先后时序的数据输出。串行输出连接线少,有利于保护编码器,使可靠性大大提高,一般高位数的绝对值编码器都是用串行输出。串行输出分同步与异步两类。同步串行输出就是输出电缆分为时钟脉冲线与数据线两部分,接收设备通过时钟脉冲线向编码器发送一串时钟脉冲,编码器在接收到时钟脉冲同时,逐位根据时钟脉冲位数通过数据线向接收设备输出编码器数值,包括角度位置、校验信号或编码器工作状态。数据传输速度以时钟频率表示,一般为 100 kHz 到 1 MHz。随着运动控制速度和数据可靠性要求越来越高,同步串行信号增加了很多新的内容,如海德汉的 EnDat,STEGMANN 的 Hiperface,以及宝马集团的 Biss 等。而且,为避免传输速度快而产生错码增加了循环校验码,并可以读取编码器内部的工作寿命、工作温度等信息。这类编码器目前都是连接其专用接口,成本较高,主要在高速运动控制中使用。

3.异步串行总线式信号

异步串行通信是指通信系统中发送与接收设备都使用各自的时钟控制数据的发送和接收。数据通常以字符为单位组成字符帧传送,字符帧由发送端一帧一帧发送至传输线上,再由接收端一帧一帧地接收。异步串行通信只需要两条线,传输距离远,数据内容可以是编码器的位置值,也可以根据指令要求加上其他内容,如加上每个编码器不同的地址,还可以是多个编码器共用传输电缆和后续接收,因此这种形式也称为现场总线型。常用的异步串行接口有RS485、Profibus-DP、Can open、Modbus、DeviceNet 等,其连接的后续设备接口应选对应的物理接口,而数据形式往往有一个文件包。这类编码器的特点是可多点连接控制,后续设备接口可以大大节省,因而成本较低,但这类编码器的数据传输速度很难提高。

4.模拟信号转换输出

绝对值编码器内置智能化嵌入技术和模拟后端电路,将内部的数字化信号计算转换为模拟电流 4～20 mA 或模拟电压 1～5 V 输出。绝对值编码器的输出形式多样,对后续设备选择带来了困难,而且采集的信号还要再次解码换算,相比较而言,传统的传感器模拟信号输出更加普及,使用方便。为方便不熟悉绝对值编码器输出信号的新手使用,直接输出模拟信号。

4.3 超声波传感器是如何工作的

4.3.1 什么是超声波传感器

由于声音以机械波的形式进行传播,所以被称为声波。人耳可听到的声波频率范围是 20 Hz 到 20 kHz,如果物体振动频率低于 20 Hz 或高于 20 kHz,人耳就听不到了。频率低于 20 Hz 的声波叫次声波,频率高于 20 kHz 的声波叫做超声波,如图 4-10 所示。

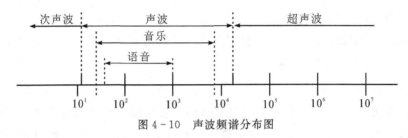

图 4-10 声波频谱分布图

根据声源在介质中的施力方向与波在介质中传播方向的不同,声波的波形也不同,通常可以分为以下几种:

(1)纵波,即可以在固体、液体和气体中传播的机械波,其质点的振动方向与波的传播方向一致;

(2)横波,即只能在固体中传播的机械波,其质点的振动方向垂直于波的传播方向;

(3)表面波,即沿不同介质之间的界面传播的机械波,其质点的振动介于纵波与横波之间,振幅随深度增加而迅速衰减。

声波的传播速度取决于介质的弹性常数及介质的密度。现在已经测得常温常压下声波在空气中的速度为 344 m/s;在液体中的传播速度为 900~1900 m/s,如在淡水中的传播速度为 1430 m/s,在海水中的传播速度为 1500 m/s;在固体中声波传播速度最快,如在钢铁中的传播速度为 5800 m/s,在铝中的传播速度为 6400 m/s,在石英玻璃中的传播速度为 5370 m/s。当介质的温度、压力变化时,声波的传输速度也随之改变。通常说的常温是指 20 ℃时的气温,而当气温降到 0 ℃,声波在空气中传播的速度则为 331.5 m/s。气温每升高 1 ℃,声速就增加 0.607 m/s,即

$$v = v_0 + 0.607T \tag{4.1}$$

式中,v_0 为在 0 ℃时声波在空气中的传播速度 331.5 m/s;T 为实际温度,单位为℃。

由于声波在两种介质中传播速度不同,当声波从一种介质传入另一种介质时,在介质界面上会发生反射、折射和波形转换的现象。此外,由于波形特性,声波在气体和液体中没有横波,只能传播纵波。而在固体中,纵波、横波和表面波三者的声速有一定的关系,通常可认为横波声速为纵波声速的一半,表面波声速约为横波声速的 90%。

声波在介质中传播时,随着传播距离增加,能量逐渐衰减,其声压和声强的衰减规律为

$$P_x = P_0 e^{-ax} \tag{4.2}$$

$$I_x = I_0 e^{2ax} \tag{4.3}$$

式中，P_x、I_x 为声波在 x 处的声压和声强；P_0、I_0 为声波在 $x=0$ 处的声压和声强；a 为衰减系数。

声波能量的衰减取决于声波的扩散、散射和吸收。在理想介质中声波的衰减仅仅来自声波的扩散，即随着声波传播距离的增加，单位面积内声能会减弱。散射衰减指声波在固体介质中颗粒界面上的散射，或在流体介质中有悬浮粒子的散射。而声波的吸收是由介质的导热性、黏滞性及弹性滞后等因素造成的，如介质吸收声能并转换为热能，吸收随声波频率的升高而增高。因此，衰减系数 a 因介质材料的性质而异，晶粒越粗、频率越高、衰减愈大，衰减系数往往会限制最大探测厚度。

超声波具有频率高、波长短、绕射现象小、方向性好，能够成为射线而定向传播等特点，同时对液体、固体的穿透性很强，尤其是在不透明的固体中。超声波碰到杂质或分界面会产生显著反射形成反射回波，碰到活动物体能产生多普勒效应。因此超声波检测广泛应用在工业、国防、生物医学等领域。超声波传感器是将超声波信号转换成其他能量信号（通常是电信号）的传感器，不同类型的超声波传感器如图 4-11 所示。

(a)大功率一体超声波探头　　(b)通用一体超声波探头　　(c)收发独立超声波探头

图 4-11　不同类型的超声波传感器

超声波传感器按照其工作原理，可以分为压电式、磁致伸缩式、电磁式等，其中以压电式最为常用。典型的压电式超声波传感器主要由压电晶片、吸收块（阻尼块）、保护膜等组成，如图 4-12 所示。

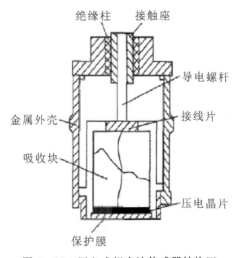

图 4-12　压电式超声波传感器结构图

压电式超声波传感器是利用逆压电效应将高频电振动转换为高频机械振动,从而产生超声波。当外加交变电压的频率等于压电材料的固有频率时会产生共振,此时产生的超声波最强。压电式超声波传感器可以产生几十赫兹到几十兆赫的高频超声波,其声强可达几十瓦每平方厘米,如空气中压电超声换能器的频率范围为 $20\sim60$ kHz,固体探测用压电超声换能器的频率范围可达 $0.5\sim12.1$ MHz。压电式超声波接收器一般是利用正压电效应进行工作的,当超声波作用到压电晶片上引起晶片伸缩,在晶片的两个表面上便产生极性相反的电荷,这些电荷被转换成电压,经过放大后送到测量电路。压电式超声波接收器的结构和超声波发生器基本相同,有时就用同一个换能器兼作发生器和接收器。

由于用途不同,压电式超声波探头有多种结构形式,如直探头(纵波)、斜探头(横波)、表面波探头、双探头(一个探头发射,另一个接收)、聚集探头(将声波聚集成一细束)、水浸探头(可浸在液体中)及其他专用探头。

磁致伸缩式超声波传感器是利用磁致伸缩效应工作的。铁磁物质在交变的磁场中沿着磁场方向产生伸缩的现象,叫做磁致伸缩效应。磁致伸缩效应的强弱即伸长缩短的程度,因铁磁物质的不同而不同。镍的磁致伸缩效应最大,如果先加一定的直流磁场,再通以交变电流时,它可以工作在特性最好的区域。磁致伸缩传感器的材料除镍外,还有铁钴钒合金和含锌、镍的铁氧体,它们的工作效率范围较窄,仅在几万赫兹以内,但功率可达十万瓦,声强可达几千瓦每平方毫米,且能耐较高的温度。

磁致伸缩式超声波发射器是把铁磁材料置于交变磁场中,使它产生机械尺寸的交替变化(即机械振动),从而产生超声波。该发生器是用几个厚度为 $0.1\sim0.4$ mm 的镍片叠加而成,片间绝缘,以减少涡流损失,其结构形状有矩形、窗形等。磁致伸缩式超声波接收器工作原理是当超声波作用到磁致伸缩材料上时,使磁致材料伸缩,引起它的内部磁场(即导磁特性)的变化,根据电磁感应,磁致伸缩材料上所绕的线圈里便获得感应电动势,然后将此电势送到测量电路及记录显示设备。

选择超声波传感器需要考虑的主要性能指标有:

(1)工作频率:工作频率就是压电晶片的共振频率。当加到传感器两端交流电压的频率和晶片的共振频率相等时,输出的能量最大,灵敏度也最高。

(2)工作温度:由于压电材料的居里点一般比较高,特别是诊断用超声波探头使用功率较小,所以工作温度比较低,可以长时间工作而不产生失效。医疗用的超声探头的温度比较高,需要单独的制冷设备。

(3)灵敏度:主要取决于制造晶片本身。机电耦合系数大,则灵敏度高;反之,灵敏度低。

4.3.2 如何使用超声波传感器

由于超声波指向性强,能量消耗缓慢,在介质中传播的距离较远,因而超声波经常用于测量距离,如测距仪和物位测量仪等都可以通过超声波来实现。利用超声波检测往往比较迅速、方便、计算简单、易于做到实时控制,并且在测量精度方面能达到工业实用的要求,因此在移动机器人研制中也得到了广泛应用。

　　超声波测距的基本原理是利用已知的超声波在空气中的传播速度,同时测量声波在发射后遇到障碍物反射回来的时间,根据发射和接收的时间差计算出发射点到障碍物的实际距离。即先通过超声波发射器向某一方向发射一定频率的超声波,在发射时刻同时开始计时,超声波在空气中传播时碰到障碍物就立即返回,超声波接收器收到反射波就立即停止计时,其原理如图 4-13 所示,通过相应计时器获取超声波在空气中经历的时间,即往返时间。该往返时间与超声波传播的路程远近正相关。

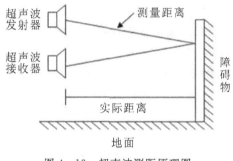

图 4-13　超声波测距原理图

　　假定 s 为被测物到测距仪的距离,测得的时间为 t,超声波传播速度为 v,则 s 可以由下式求得

$$s = vt/2 \qquad (4.4)$$

在精度要求较高的情况下,需要考虑温度对超声波传播速度的影响,按式(4.1)对超声波传播速度加以修正,以减小误差。

　　超声波回波测距运用精确的时差测量技术,可以准确检测传感器与目标物之间的距离,具有测量准确、无接触、防水、防腐蚀、成本低等优点。

　　超声波测距主要应用于倒车提醒、建筑工地、工业现场等距离测量,测距量程能达到百米,测量精度能达到厘米数量级。在环境条件较好的情况下,也可以在液位测量中达到毫米级的测量精度。超声波测距传感器常用的方式是 1 个发射头对应 1 个接收头,也可以是多个发射头对应 1 个接收头。

　　超声波测距仪包括超声波产生电路和超声波接收电路两部分,如图 4-14 所示(图中省略了单片机控制部分电路)。测距仪在控制芯片中利用软件产生 40 kHz(占空比 50%)的超声波信号,经过 74HC04 两次和一次反向后分别输出到超声波发生器。74HC04 芯片在电路中的功能是增加驱动能力,保证超声波发射器有足够的驱动电流,能够测量较远距离。超声波接收电路采用 CX20106A 芯片处理超声波信号,该芯片接收到 40 kHz 的信号时,会在第 7 脚产生一个低电平下降脉冲,这个信号可以接到单片机的外部中断引脚作为中断信号输入。CX20106A 的第 5 脚的电阻决定接收的中心频率,200 kΩ 的电阻决定了接收的中心频率为 40 kHz。

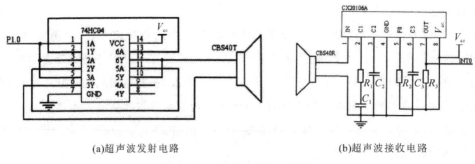

(a)超声波发射电路　　　　　　　(b)超声波接收电路

图 4-14　超声波测距电路图

超声波信号还可以用于测厚、测流量及探伤等。超声波测厚,即采用超声波信号进行厚度测量。当探头发射的超声波脉冲通过被测物体到达材料分界面时,脉冲被反射回探头,通过精确测量超声波在材料中传播的时间来确定被测材料的厚度。凡能使超声波以恒定速度在其内部传播的各种材料均可采用此原理测量,其原理如图 4-15 所示。

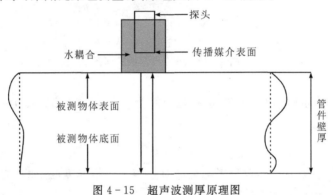

图 4-15　超声波测厚原理图

由于超声波在静止和流动的流体中的传播速度是不同的,进而形成传播时间和相位上的变化,因此可以利用超声波求得流体的流速和流量。超声波测流量对被测流体并不产生附加阻力,因此测量结果不受流体物理和化学性质的影响,不会降低流体的压力,特别是在天然气计量过程中有很大的优势。图 4-16 为超声波测流体流量的工作原理图,图中 v 为流体的平均流速,c 为超声波在流体中的速度,θ 为超声波传播方向与流动方向的夹角,A、B 为两个超声波探头,L 为两探头间的距离。

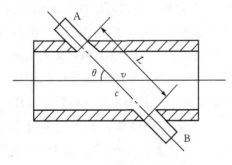

图 4-16　超声波测流量原理图

超声波穿透法探伤是根据超声波穿透工件后能量的变化状况来判断工件内部质量的方法。穿透法用两个探头置于工件相对的两面,一个发射声波,一个接收声波。发射波可以是连续波,也可以是脉冲,其原理如图 4-17 所示。当在探测工件内无缺陷时,接收能量大,仪表指示值大;当工件内有缺陷时,因部分能量被反射,接收能量小,仪表指示值小。根据此变化,就可把工件内部缺陷检测出来。此法的特点是:探测灵敏度较低,不能发现小缺陷;根据能量的变化可判断有无缺陷,但不能定位;适宜探测超声波衰减大的材料;指示简单,适用于自动探伤;可避免盲区,适宜探测薄板;对两探头的相对距离和位首要求较高。

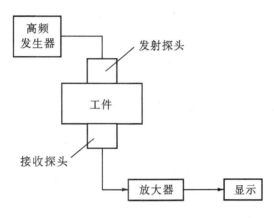

图 4-17   超声波穿透法探伤原理图

除穿透法探伤外,还可以利用超声波反射法探伤,即以声波在工件中反射情况的不同来探测缺陷的方法,如图 4-18 所示。将高频脉冲发生器产生脉冲(发射波)加在探头上,激励压电晶体振动使它产生超声波。超声波以一定的速度向工件内部传播,一部分超声波遇到缺陷 F 时反射回来,另一部分超声波继续传至工件底面 B 后也反射回来,都被探头接收又变为电脉冲。发射波 T、缺陷波 F 及底波 B 经放大后,在显示器荧光屏上显示出来。荧光屏上的水平亮线为扫描线(时间基准),其长度与时间成正比。由发射波、缺陷波及底波在扫描线上的位置可求出缺陷位置,由缺陷波的幅度可判断缺陷大小,由缺陷波的开头可分析缺陷的性质。当缺陷面积大于声束截面时,声波全部由缺陷处反射回来,荧光屏上只有 T、F 波,没有 B 波;当工件无缺陷时,荧光屏上只有 T、B 波,没有 F 波。

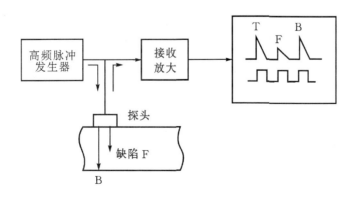

图 4-18   超声波反射法探伤原理图

4.4 电感传感器是如何工作的

4.4.1 什么是电感传感器

电感传感器是通过电磁感应原理将被测量变化转换成线圈自感或互感系数变化,从而导致线圈电感值改变,再由测量电路转换为电压或电流的变化量输出来实现非电量检测的一种装置,它能对位移、压力、振动、应变、流量等多种参数进行测量。根据转换原理,电感传感器可以分为自感式传感器、差动变压器式传感器和电涡流传感器等三大类。

电感传感器具有结构简单、灵敏度高、线性度好(特别是在几十微米到几百毫米的移动范围内)、测量精度高(可达 $0.1~\mu m$)、抗干扰能力强及重复性好等优点,因此应用在各行各业,特别是在机床行业、汽车制造等行业应用广泛。它的主要缺点是存在交流零位信号,不易于高频动态测量,而且传感器的分辨率与测量范围有关,测量范围越大,分辨率越低,反之则越高。

1.自感式电感传感器

自感式电感传感器就是将被测量变化转换成线圈自感的变化,然后通过一定的转换电路转换成电压或电流输出的传感器。根据结构形式的不同,自感式电感传感器可分为变间隙型、变面积型和螺管型三种。

1)变间隙型电感传感器

变间隙型电感传感器主要由线圈、铁芯和衔铁三部分组成,其中铁芯与衔铁主要由硅钢片等导磁材料制成,且两者之间存在气隙,其结构示意图如图 4-19 所示。工作时,衔铁与被测物体连接,被测物体的位移将引起气隙长度的变化。由于气隙磁阻的变化,从而导致电感线圈的电感值变化,因此只要能测出该电感量的变化值,就能确定衔铁位移量的大小与方向。

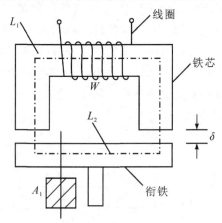

图 4-19 变间隙型电感传感器结构示意图

线圈的电感 L 为

$$L = \frac{N^2}{R_m} \tag{4.5}$$

式中,N 为线圈匝数;R_m 为磁路总磁阻。

对于变间隙型电感传感器，如果忽略磁路铁损，则磁路总磁阻为

$$R_{\mathrm{m}} = \frac{l_1}{\mu_1 A} + \frac{l_2}{\mu_2 A} + \frac{2\delta}{\mu_0 A} \qquad (4.6)$$

式中，l_1 为铁芯磁路长度；l_2 为衔铁磁路长度；A 为截面积；μ_1 为铁芯磁导率；μ_2 为衔铁磁导率；μ_0 为空气磁导率；δ 为空气隙厚度。则式(4.5)中电感值 L 的计算式可以替换为

$$L = \frac{N^2}{R_{\mathrm{m}}} = \frac{N^2}{\dfrac{l_1}{\mu_1 A} + \dfrac{l_2}{\mu_2 A} + \dfrac{2\delta}{\mu_0 A}} \qquad (4.7)$$

一般情况下，空气隙的磁导率与磁导体的磁导率相比是很小的，即 $\mu_1 \approx \mu_2 \gg \mu_0$，因此线圈的电感值可近似表示为

$$L \approx \frac{N^2 \mu_0 A}{2\delta} \qquad (4.8)$$

由式(4.8)可以看出，传感器的灵敏度随气隙的增大而减小。

2)变面积型电感传感器

由式(4.8)可知，当传感器的气隙距离不变，铁芯与衔铁之间正对面积随被测量变化而改变，也会导致线圈电感量发生变化，即为变面积型电感传感器，其结构示意图如图 4-20 所示。

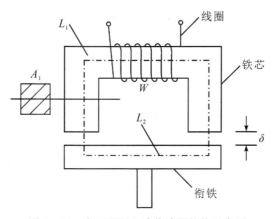

图 4-20 变面积型电感传感器结构示意图

通过式(4.8)的分析可知，线圈电感量 L 与气隙厚度 δ 之间的关系是非线性的，但与磁通截面积 A 却成正比，是一种线性关系。电感传感器特性曲线如图 4-21 所示。

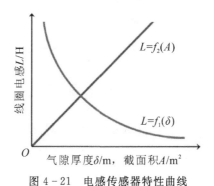

图 4-21 电感传感器特性曲线

103

3) 螺管型电感传感器

如图 4-22 所示为螺管型电感传感器结构示意图,其主要由螺管线圈和圆柱形铁芯组成。工作时,螺管型电感传感器的铁芯随被测对象移动,引起螺管线圈电感值的变化。当用恒流源激励时,则线圈的输出电压与铁芯的位移量有关,因此可以用螺管型电感传感器进行位移测量。

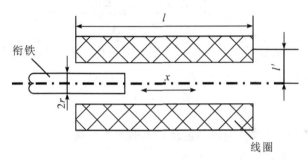

图 4-22 螺管型电感传感器结构示意图

以上三种自感式电感传感器中,变间隙型传感器灵敏度较高,但非线性误差较大,适合测量微小位移的场合;变面积型传感器灵敏度较变间隙型传感器小,但线性较好,量程较大,使用比较广泛;螺管型传感器灵敏度较低,但量程大且结构简单,易于制作和批量生产,使用最广。

由于自感式电感传感器的线圈中通有交流励磁电流,因而衔铁始终承受电磁吸力,会引起振动和附加误差,而且非线性误差较大。外界的干扰、电源电压频率的变化、温度的变化都会使输出产生误差。因此,在实际使用中,常采用两个相同的传感线圈共用一个衔铁,构成差动式自感传感器,两个线圈的电气参数和几何尺寸要求完全相同,如图 4-23 所示。这种结构除了可以改善线性度、提高灵敏度外,对温度变化、电源频率变化等影响也可以进行补偿,从而减少了外界影响造成的误差,降低测量误差。

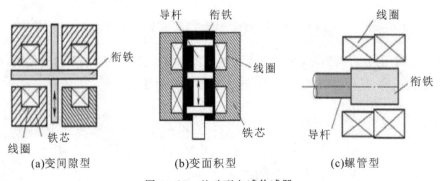

(a)变间隙型　　　　　(b)变面积型　　　　　(c)螺管型

图 4-23 差动型电感传感器

交流电桥是电感式传感器的主要测量电路,其作用是将线圈电感的变换转换成电桥电路的电压或电流输出,如图 4-24 所示。电感式传感器通常采用双臂半桥模式进行差动式测量,用以提高测量灵敏度。

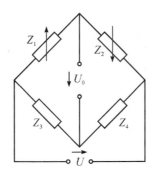

图 4 - 24　交流电桥测量电路

2. 差动变压器式电感传感器

差动变压器式电感传感器是根据变压器的基本原理制成的,是一种将被测非电量变化变换成线圈互感变化的变压器装置。这种类型的传感器主要由衔铁、一次线圈、二次线圈和线圈骨架组成,且一、二次绕组间的耦合能随衔铁的移动而变化,即绕组间的互感随被测位移改变而变化。为了提高传感器的灵敏度,改善传感器的线性度、增大传感器的线性范围,该传感器在使用时通常采用两个二次绕组反向串联,以差动方式输出,所以把这种传感器称为差动变压器式电感传感器,简称差动变压器。差动变压器结构形式较多,也有变隙型、变面积型和螺线管型等多种类型。

1)变间隙型差动变压器

变间隙型差动变压器结构如图 4 - 25 所示。该类型差动变压器的衔铁均为板形,测量灵敏度高,但测量范围较窄,一般用于测量几微米到几百微米的机械位移。

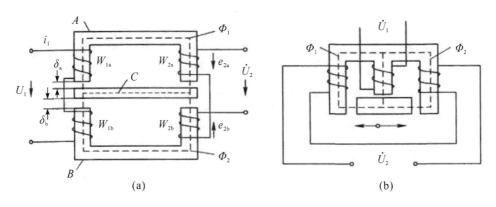

(a)　　　　　　　　　　　　　(b)

图 4 - 25　变间隙型差动变压器结构示意图

2)螺管型差动变压器

对于位移在一毫米至上百毫米的测量,常采用圆柱形衔铁的螺管型差动变压器,如图 4 - 26所示。螺管型差动变压器量程大、结构简单,是应用最多的差动变压器类型。

105

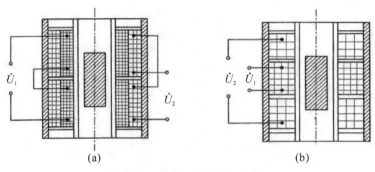

图 4-26 螺管型差动变压器结构示意图

3）变截面型差动变压器

如图 4-27 所示为测量转角的变截面型差动变压器结构示意图，该类型差动变压器线性较好，量程较大，应用比较广泛。

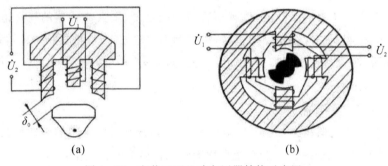

图 4-27 变截面型差动变压器结构示意图

差动变压器式电感传感器与差动式自感传感器的工作原理都是建立在电磁感应的基础上，都可以分为变气隙型、变面积型和螺旋型，但两者在本质上还有较大的区别。差动式自感传感器将被测量的变化转化为两个不同电感线圈的电感值变化，通过其变化的差值转换为电压或电流的变化量输出。差动变压器式电感传感器是把被测量的变化转换为传感器互感的变化，传感器本身是互感系数可变的变压器。差动式电感传感器是基于电桥的工作原理进行工作，而差动变压式电感传感器是基于变压器的工作原理直接输出信号。

差动变压器输出特性曲线如图 4-28 所示，图中 u_{2a}、u_{2b} 分别为两个二次绕组的输出感应电动势，u_0 为差动输出电动势，x 为铁芯偏离中心位置的距离。其中，u_0 的实线表示理想的输出特性，虚线表示实际的输出特性。Δu_0 为零点残余电压，这是由于差动变压器制作上的不对称及铁芯位置等原因形成的，该值大小也是衡量差动变压器性能好坏的重要指标。

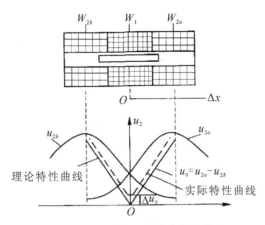

图 4-28　差动变压器输出特性曲线

由于差动变压器输出信号为交流电压,不存在方向性,因此只能反映铁芯位移的大小,不能反映移动方向,且输出信号中还包含零点残余电压。为了达到辨别移动方向及消除零点残余电压的目的,在差动变压器实际测量时,常采用差动相敏检波电路和差动整流电路。

差动相敏检波电路如图 4-29 所示。该电路能有效判别铁芯移动的方向,但要求比较电压 e_r 与差动变压器二次侧输出电压 e_{21}、e_{22} 的频率相同,相位相同或相反,且比较电压幅值尽可能大,一般为信号电压的 3~5 倍。

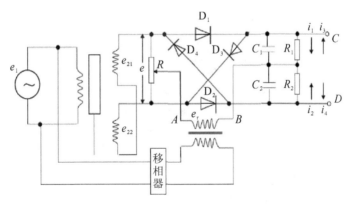

图 4-29　差动相敏检波电路

差动整流电路可以分为半波整流电路和全波整理电路,如图 4-30 所示。这种电路的原理是把差动变压器两个二次电压分别整流后,以它们的差作为输出,这样二次绕组电压的相位和零点残余电压都不必考虑。该电路结构简单,不需要相位调制,适合远距离传输。

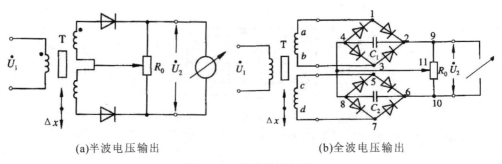

(a)半波电压输出 (b)全波电压输出

图 4-30 差动整流电路

3.电涡流式传感器

电涡流式传感器是根据电涡流效应制成的传感器。根据法拉第电磁感应原理,当通过金属导体的磁通量变化时,就会在导体内产生感生电流,这种电流在导体中是自行闭合的,这就是电涡流。电涡流的产生必然要消耗一部分能量,从而使产生磁场的线圈阻抗发生变化,这一物理现象称为电涡流效应,其实是电磁感应原理的延伸,如图 4-31 所示。电涡流传感器就是利用电涡流效应,将位移、温度等非电量转换为阻抗的变化从而进行非电量测量。

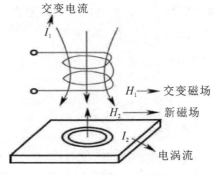

图 4-31 涡流效应示意图

电涡流式传感器结构比较简单,主要由一个安置在探头壳体的扁平圆形线圈构成,如图 4-32所示。它能静态和动态地非接触、高线性度、高分辨率地测量被测金属导体距探头表面的距离,是一种非接触的线性化测量工具,能准确测量被测导体(必须是金属导体)与探头端面之间静态和动态的相对位移变化。电涡流式传感器的特点是长期工作可靠性高、灵敏度高、抗干扰能力强、非接触测量、响应速度快、不受油水等介质的影响,常被用于对大型旋转机械的轴位移、轴振动、轴转速等参数进行长期实时监测,可分析出设备的工作状况和故障原因,有效地对设备进行保护及预维修。

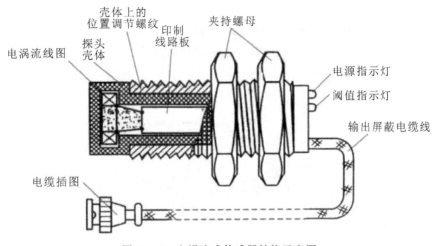

图 4-32 电涡流式传感器结构示意图

根据测量模式的不同,电涡流式传感器可以分为高频反射式电涡流传感器和低频透射式电涡流传感器两类。高频反射式电涡流传感器主要由一个固定在框架上的扁平线圈组成,如图 4-33(a)所示。电涡流传感器的线圈与被测金属导体间磁性耦合,高频反射式电涡流传感器利用这种耦合程度的变化来进行测量。一般被测物的电导率越高,传感器的灵敏度也越高。低频透射式电涡流传感器一般采用低频激励,因而有较大的贯穿深度,适合测量金属材料的厚度。该传感器包括发射线圈和接收线圈两部分,分别位于被测材料的上、下方,如图 4-33(b)所示。为了更好地测量厚度,传感器的激励电流频率应选的较低,通常选择 1 kHz 左右。一般来说,测薄金属板时,频率略高;测厚金属板时,频率略低。

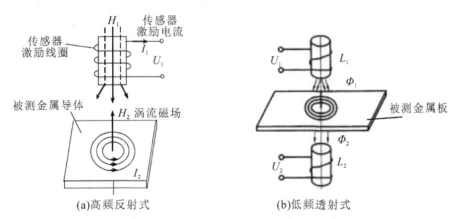

(a)高频反射式   (b)低频透射式

图 4-33 电涡流传感器类型

4.4.2 如何使用电感传感器

1.差动变压器传感器

差动变压器传感器是利用差动变压器中一次线圈与二次线圈绕组间的互感随被测量改变

而变化的特性做非电量检测,被广泛用于位移、压力等非电量测量的检测装置。它既可用于静态测量,也可用于动态测量。一般测量位移的差动变压器传感器也称为 LVDT 位移传感器,LVDT 是 Linear Variable Differential Transformer 的缩写,其本质为一个铁芯可动的螺管型变压器,该传感器的外形一般如图 4－34 所示。

图 4－34　LVDT 位移传感器外形图

LVDT 位移传感器的内部结构如图 4－35 所示,它包含了一个初级线圈和一对相同的次级线圈,且初级线圈置于两个次级线圈中间,这些线圈都缠绕在一个中空的热塑性玻璃纤维强化型聚合物上,在外包一层高透磁性的隔离物后共同密封在一个圆柱形不锈钢管内。LVDT 位移传感器实际测量部分是一个具有透磁性的管状铁芯,该铁芯可在中空的线圈内自由移动,随被测量的位置变化而变化。

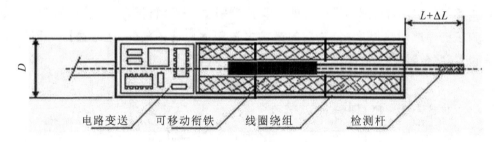

图 4－35　LVDT 位移传感器内部结构图

由于 LVDT 位移传感器的线圈及其铁芯之间没有摩擦和接触,因此不会产生任何磨损,理论上其具有无限长的机械寿命,这对飞机、导弹、宇宙飞船以及工业设备等极为重要。因此 LVDT 位移传感器广泛应用在航空发动机数字控制系统中的油门杆位置、油针位置、导叶位置、喷口位置等位移量的进行精确测量与控制。

同时,LVDT 位移传感器的无摩擦运作及其感应原理使它具有真正的无限分辨率,即 LVDT 可以对铁芯最微小的运动作出响应并生成输出,外部电子设备的可读性是对 LVDT 位移传感器分辨率的唯一限制。同时,LVDT 位移传感器在实际工作过程中,为保证测量结果的线性度,其铁芯运动范围不能超出线圈绕柱的线性范围,因此所有的 LVDT 位移传感器均有一个线性范围。此外,LVDT 位移传感器是少数几个可以在多种恶劣环境中工作的变送器之一,如在类似液氮的低温环境中或核辐射环境中。虽然在大多数情况下,LVDT 位移传感器理论上具有无限的工作寿命,但置于恶劣环境下的 LVDT 位移传感器的工作寿命因环境不同而各不相同。

当 LVDT 位移传感器具体工作时,需要将一定频率的交流电加在初级线圈上,即初级激磁;然后 LVDT 就能输出两组次级线圈之间的交流电压差,此电压差随着铁芯在线圈内位置改变而改变。通常为了方便使用,此交流输出电压会再经由变送电路进行处理,转换为高准位的直流电压或电流输出。同时,初级激磁所需要的交流电压也由直流电压通过相应电路进行转换。因此,LVDT 位移传感器一般为三线制或二线制,其中电压输出型为三线制,电路连接如图 4 - 36 所示。电压输出型 LVDT 位移传感器输出电压信号可以先通过 A/D 转换进入控制芯片或直接送入 PLC 进行控制。

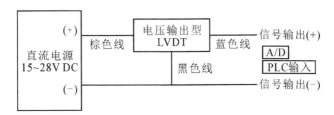

图 4 - 36　电压输出型 LVDT 位移传感器连线图

二线制 LVDT 位移传感器为电流输出型 LVDT 位移传感器,其输出电流信号为 4～20 mA,如图 4 - 37 所示。此外,还有 LVDT 位移传感器将其输出模式进行转换,通过 RS485 等模式进行输出,以便后续电路信号的传输与处理。因此,具体使用 LVDT 位移传感器还需要仔细参看其产品说明书。

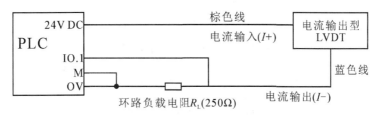

图 4 - 37　电流输出型 LVDT 位移传感器连线图

2.电感式接近开关

电感式接近开关是通过电涡流效应实现距离检测的传感器,是一种无需与运动部件接触就可操作的位置开关,被广泛应用于机床、冶金、化工、轻纺和印刷等行业,如图 4 - 38 所示。电感式接近开关主要由振荡器、开关电路及放大输出电路三大部分组成。振荡器产生一个交变磁场,当金属目标接近这一磁场并达到感应距离时,在金属目标内产生涡流,从而导致振荡衰减以至停振。振荡器振荡及停振的变化被后级放大电路处理并转换成开关信号,触发驱动控制器件,从而达到非接触检测目的。电感式接近开关只能检测金属物体。

图 4 - 38　电感式接近开关

常用的电感式接近开关有二线制和三线制两种类型,其示意图如图 4 - 39 所示。其中二线制接近开关按工作电压可以分为直流(DC)型和交流(AC)型两类,对于直流型需要注意区分红线接电源正端、蓝线接电源负端,交流型产品则不需要区分正负端。三线制接近开关为直流供电(一般棕色代表电源正端、蓝色代表电源负极、黑色代表信号输出端),根据内部三极管的不同可以分为 NPN 型和 PNP 型两类,它们的接线方式各不相同。NPN 型接近开关负载需要接在棕色线与黑色线(信号输出)之间,PNP 型接近开关负载需要接在黑色线(信号输出)与蓝色线之间。

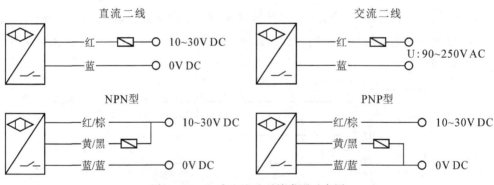

图 4 - 39　电感式接近开关类型示意图

此外,各种类型的接近开关又可以根据其初始状态分为常开型与常闭型两类。二线制常开型接近开关在没有检测到被测物时为不导通状态,负载上没有电流通过,不工作,指示灯灭;检测到被测物时内部直接导通,负载工作,指示灯亮。二线制常闭型接近开关在没有检测到被测物时内部直接导通,负载工作,指示灯亮;检测到被测物时内部为不导通状态,负载没有电流通过,不工作,指示灯灭。三线制常开型接近开关在没有检测到被测物时内部三极管为不导通状态,负载不工作,指示灯灭,且 NPN 型输出高电平,PNP 型输出低电平;检测到被测物时内部三极管为导通状态,负载工作,指示灯亮,且 NPN 型输出低电平,PNP 型输出高电平。三线制常闭型接近开关在没有检测到被测物时内部三极管为导通状态,负载工作,指示灯亮,且 NPN 型输出低电平,PNP 型输出高电平;检测到被测物时内部三极管为不导通状态,负载不工作,指示灯灭,且 NPN 型输出高电平,PNP 型输出低电平。常开型与常闭型接近开关要根据实际需要选用。

电感式接近开关测量距离为毫米级,一般额定动作距离约为 10~15 mm;实际工作中,电感式接近开关设定的测量距离一般为额定动作距离的 0.8 倍。一般接近开关的类型及额定动作距离都会标注在其铭牌上。

此外,二线制接近开关必须连接负载,绝对不允许不带负载接电源。二线制由于受电路影响,在导通时有一定的压降,截止时有一定的漏电流;三线制接近开关漏电流较小,但一般三线制接近开关价格也要相对贵一些。

图 4-40 为二线制接近开关电路连线图。当被测物靠近时接近开关电路工作,继电器导通,并引发系统后续相关动作。需要注意的是,如果电路供电电源为交流信号时,需要选择交流继电器。

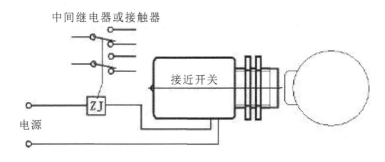

图 4-40 二线制接近开关电路连线图

图 4-41 为三线制接近开关电路连线图。该图中接近开关为 NPN 型接近开关,同样当被测物靠近时接近开关电路工作。

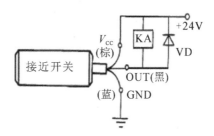

图 4-41 三线制接近开关电路连线图

4.5 电容传感器是如何工作的

4.5.1 什么是电容传感器

电容传感器是以电容作为敏感元件和转换元件,将被测物理量的变化转换成为电容值变化的一种转换装置,其本质上是一个具有可变参数的电容器。电容传感器一般由两个平行电

极构成,在其两个电极之间充满介质,在不考虑边缘效应的前提下,电容传感器的电容量为

$$C = \frac{\varepsilon S}{d} \tag{4.9}$$

式中,ε 为极板间介质的介电常数;S 为两极板的正对面积;d 为两个极板间的距离。如果被测量的变化能引起 ε、S 或 d 的变化,就能实现电容值的变化。因此,根据电容传感器的电容值变化原理,可以把该传感器分为变面积型、变极距型和变介电常数型三种类型。

电容传感器温度稳定性好,可以工作在高温,强辐射及强磁场等恶劣的环境中,其结构简单,易于制造和保证高的精度,灵敏度好,分辨力高,能感应 0.01 μm 甚至更小的位移。由于电容传感器固有频率很高,动态响应时间短,可检测高速变化的参数,因此被广泛用于位移、压力、加速度、厚度、振动、液位等测量中。需要注意的是,电容传感器的输出阻抗较高(可达 $10^3 \sim 10^5$ kΩ),因此其输出功率变小,带负载能力差,易受外界干扰影响。同时,电容传感器的初始电容量很小,而连接传感器和电子线路的引线电缆电容、电子线路的杂散电容以及电容极板与周围导体构成的电容等寄生电容却较大。寄生电容的存在不但降低了测量灵敏度,而且会引起非线性输出。

1. 变面积型电容传感器

如图 4-42 所示为几种不同类型的变面积型电容传感器的示意图,分别为平板型、圆筒型和角位移型,前两种电容传感器用于测量直线位移,最后一种用于测量角位移。

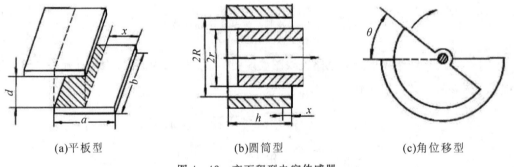

(a)平板型　　　　　　　　(b)圆筒型　　　　　　　　(c)角位移型

图 4-42　变面积型电容传感器

对于平板型变面积式电容传感器(如图 4-42(a)所示),当动极板移动 x 后,其正对面积就发生变化,电容量也随之变化,其变化情况为

$$\Delta C = -\frac{\varepsilon \Delta S}{d} = -\frac{\varepsilon x b}{d} \tag{4.10}$$

其灵敏度为

$$K = \frac{\Delta C}{x} = -\frac{\varepsilon b}{d} \tag{4.11}$$

对于圆筒形变面积式传感器(如图 4-42(b)所示),其电容量的计算式为

$$C = \frac{2\pi \varepsilon h}{\ln R - \ln r} \tag{4.12}$$

当内圆筒移动 x 后,则其正对面积也发生变化,电容量变化情况为

$$\Delta C = -\frac{2\pi\varepsilon x}{\ln R - \ln r} \tag{4.13}$$

其灵敏度为

$$K = \frac{\Delta C}{x} = -\frac{2\pi\varepsilon}{\ln R - \ln r} \tag{4.14}$$

对于角位移形变面积式传感器(如图 4-42(c)所示),若电容的平板半径为 R,板间距位为 d,则其电容量的计算公式为

$$C = \frac{\varepsilon\pi R^2}{2d} \tag{4.15}$$

当动极板移动角度 θ 后,则其正对面积也发生变化,电容量变化情况为

$$\Delta C = -\frac{\varepsilon\theta R^2}{2d} \tag{4.16}$$

其灵敏度为

$$K = \frac{\Delta C}{\theta} = -\frac{\varepsilon R^2}{2d} \tag{4.17}$$

由前面的分析可知,各类变面积式电容传感器的灵敏度都是常数,其输出特性是线性的。

2.变极距型电容传感器

如图 4-43 所示为变极距型电容传感器的示意图。当变极距型电容传感器的活动板随被测参数变化而移动后,两极板的间距 d 随之变化 x,则传感器电容量变化值为

$$\Delta C = \frac{\varepsilon S}{d} - \frac{\varepsilon S}{d-x} = \frac{\varepsilon S}{d\left(\dfrac{d}{x} - 1\right)} \tag{4.18}$$

因此电容传感器变化值 ΔC 与位移 x 不呈线性关系。不过 ΔC 也可以变换为

$$\Delta C = \frac{\varepsilon S}{d} - \frac{\varepsilon S}{d-x} = \frac{\varepsilon S}{d} - \frac{\varepsilon S\left(1+\dfrac{x}{d}\right)}{d\left(1-\dfrac{x^2}{d^2}\right)} \tag{4.19}$$

当 $d \gg x$ 时,$1 - \dfrac{x^2}{d^2} \approx 1$,则

$$\Delta C = -\frac{\varepsilon S x}{d^2} \tag{4.20}$$

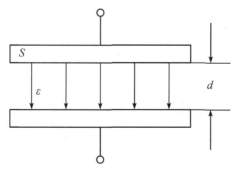

图 4-43　变极距型电容传感器

当 $d \gg x$ 时,变极距型电容传感器变化值与位移 x 可以近似呈线性关系。通过式(4.19)还可以看出,要提高变极距型电容传感器的灵敏度,其初始间隙 d 不能过大,因此变极距型电容传感器的测量距离相对较小。在实际应用中,为了提高灵敏度、减小非线性,多采用差动式结构变极距型电容传感器进行测量,如图 4-44 所示。

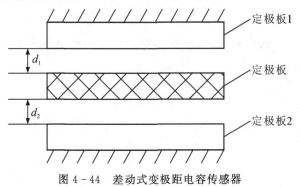

图 4-44　差动式变极距电容传感器

3. 变介电常数型电容传感器

当电容传感器中的介质改变后,其介电常数也会发生变化,从而引起电容值的变化,这类传感器被称为变介质型电容传感器(如图 4-45 所示)。变介质型电容传感器的电容量变化与位移 x_1 也呈线性关系,被广泛应用于测量介电材料的厚度、物位、固体介质的湿度等。

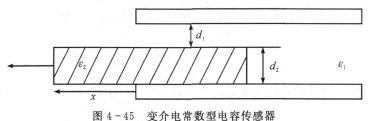

图 4-45　变介电常数型电容传感器

用于电容传感器的测量电路很多,最常用的测量电路与电感传感器一致,如图 4-46 所示为交流电桥测量电路,将电容传感器法拉值的变换转换成电桥电路的电压或电流输出。同样,电容传感器也多采用双臂半桥模式进行差动式测量,用以提高测量灵敏度。

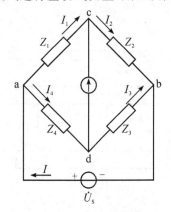

图 4-46　交流电桥测量电路

除交流电桥外,常用的电容传感器测量电路还有双 T 电桥电路、运算放大器电路等多种。双 T 电桥电路如图 4-47 所示,图中 C_1 与 C_2 为差动电容传感器的电容,R_L 为负载电阻,D_1 与 D_2 为普通二极管,R_1 与 R_2 为普通电阻。在电路中,如果 C_1 与 C_2、D_1 与 D_2、R_1 与 R_2 都相同的情况下,在一个周期内通过负载电阻 R_L 的平均电流为零,R_L 上无电压变化;若 C_1 或 C_2 发生变化时,通过负载电阻 R_L 的平均电流将不为零,有信号输出。

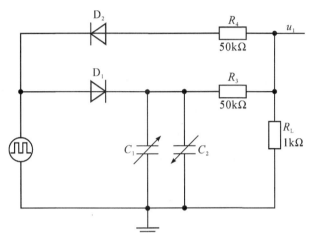

图 4-47 双 T 电桥测量电路

运算放大器测量电路如图 4-48 所示,该电路采用集成运算放大器构成,将电容传感器接在运算放大器的反馈端,运算放大器的输出电压为

$$u_o = - u_i \frac{C}{C_x} = - u_i \frac{C}{\varepsilon S} d \tag{4.21}$$

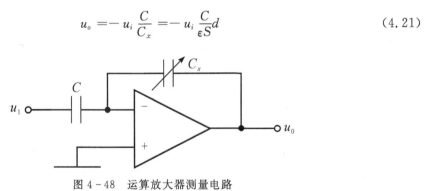

图 4-48 运算放大器测量电路

4.5.2 如何使用电容传感器

1.电容式液位传感器

电容式液位传感器是利用被测介质面的变化引起电容变化的一种变介质型电容传感器,可以用于油库、油罐车等油位的测量,也可以用于船舶的锅炉水位探测、货舱进水报警探测、主机高压油管漏油检测等各种高温高压、强腐蚀、易结晶、其易堵塞等恶劣条件场合,具有灵敏度高、环境适应性强以及寿命长、维护简单等特点,结构如图 4-49 所示。

图 4-49　电容式液位传感器

在具体使用过程中,将电容式液位传感器的金属棒插入盛液容器内并作为电容的一个极,然后以容器壁作为电容的另一极,如图 4-50(a)所示。由此,两电极间的介质即为液体及其上面的气体。由于液体的介电常数 ε_1 和液面上的介电常数 ε_2 不同,比如:$\varepsilon_1 > \varepsilon_2$,则当液位升高时,电容式液位计两电极间总的介电常数值随之加大,因而电容量增大;反之当液位下降,ε 值减小,电容量也减小。电容式液位传感器电极一般都有绝缘层包裹。使用电容液位计测量物位、液位需要注意的是,被测介质的相对介电常数(被测介质与空气的介电常数之比)在测量过程中不应变化。

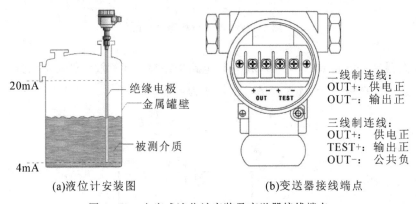

(a)液位计安装图　　　　(b)变送器接线端点

图 4-50　电容式液位计安装及变送器接线端点

测量结束后,与液位计配合的变送器把电容变化的信号经过各种补偿、计算后转换成相对于液位量程的电流信号的输出,用于远程仪表的输入或者控制设备的信号采集。其中二线制液位计的供电电压与信号输出共用一个回路,为标准的变送器形式;三线制液位计供电电压与信号输出各使用两条线,负端与地共用一条线,如图 4-50(b)所示。

需要注意的是,若盛放液体的是非金属容器时,则无法以容器壁作为电容的另一极,需要采用具有同轴双电极的电容液位计进行检测。

2.电容式接近开关

电容式接近开关与电感式接近开关一样,也是一种具有开关量输出的位置传感器,其外形也与电感式接近开关非常相似(如图 4-51 所示)。电容接近开关检测的对象不限于金属,也可以是绝缘的液体或粉状物等。

图 4 - 51 电容式接近开关

电容式接近开关的测量头通常构成电容器的一个极板,而另一个极板是开关的外壳,这个外壳在测量过程中通常接地或与设备的机壳相连接,因此可以认为是由电容式接近开关的检测面与大地间构成了测量用电容器。当物体移向接近开关时,接近开关的介电常数发生变化,使得和测量头相连的电路状态也随之发生变化,由此便可控制开关的接通和断开,如图 4 - 52 所示。在检测较低介电常数 ε 的物体时,可以顺时针调节多圈电位器(位于开关后部)来增加感应灵敏度。

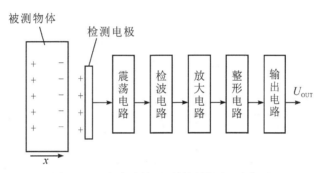

图 4 - 52 电容式接近开关测量原理示意图

电容式接近开关同样有二线制和三线制两种不同类型(如图 4 - 53 所示),其类型、额定动作距离及接线模式都会标注在铭牌上。在使用过程中,电容式接近开关与电感式接近开关也很近似,测量距离都为毫米级,二线制接近开关都必须连接负载,不允许不带负载接电源。

不同的是,电容式接近开关能够检测非金属物体;电感式接近开关只能检测金属物体。电容传感器在使用过程中需要确保被测环境没有污染,如灰尘,油污和水等,因为这些因素会改变介电常数,从而改变测量结果;而电感传感器对上述因素不存在干扰问题。

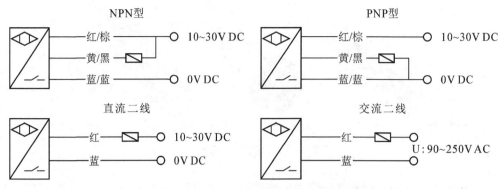

图 4-53 电容式接近开关类型示意图

在使用过程中,电容式接近开关的棕色线接电源正极,蓝色线接电源负极,黑色线为信号线,接单片机信号输入口。需要注意的是,一般单片机都为 5 V 或 3.3 V 供电,而电容式接近开关的电压一般高于 5 V,因此需要通过三极管进行电压转换,如图 4-54 所示。

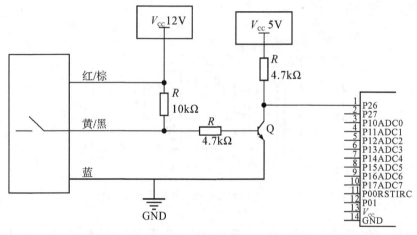

图 4-54 电容式接近开关应用电路图

4.5.3 如何使用电阻传感器

电阻传感器是一种应用较早的电参数传感器,它的种类繁多,应用十分广泛。电阻传感器结构简单、线性度和稳定性较好,与相应的测量电路可组成测力、测压、称重、测位移、测加速度等检测系统,已成为生产过程检测及生产自动化不可缺少的手段之一。电阻位移传感器可以分为直线位移传感器和角度位移传感器两类,如图 4-55 所示。

(a)直线位移传感器　　　　　　　　　　(b)角度位移传感器

图 4-55　电阻位移传感器

电阻位移传感器实际上就是一个滑动变阻器,是作为分压器使用的,其功能在于把直线或有角度的机械位移量转换成电信号,以相对电压来显示所测量的实际位置。位移传感器通常将可变电阻滑轨定置在传感器的固定部位,通过滑片在滑轨上的位移来测量不同的阻值。传感器滑轨连接稳态直流电压,允许流过微安级的小电流,滑片和始端之间的电压与滑片移动的长度成正比。

电阻位移传感器与普通滑动变压器一样,通常有 3 条引线,其中 2 条为电源输入线,一般为蓝色和棕色,即图 4-56 中 1、3 脚;另一条为信号输出线,一般为黑色,即图 4-54 中 2 脚。在具体使用过程中,通过 1、3 脚引入电源电压,然后检测出 2 脚电压即可获得工作台相对于传感器的位移情况。

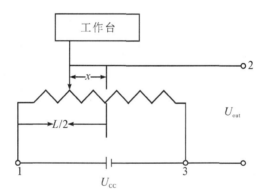

图 4-56　直线型电阻位移传感器示意图

在选择电阻位移传感器的过程中应注意两个参数,最大测量距离和重复精度,一般最大测量距离为 75~800 mm,重复测量精度可达 0.01 mm。

电阻式角度位移传感器的使用与电阻式直线位移传感器相似,同样有 3 个引脚,其中 2 个用于输入电源信号,另一个用于引出角度对应的电压。

4.6　如何制作简易倒车雷达

本次任务为制作一个简易倒车雷达,具体功能要求如下:

(1)无遮挡时,LED 灯不亮;

（2）有遮挡时，LED 灯立刻点亮；遮挡移开后，立刻熄灭。

（3）简易倒车雷达的报警距离为 30 cm 以上。

1. 设计任务分析

简易倒车雷达制作选用的传感器是常用的超声波传感器。同时，从简易倒车雷达实现的便利程度来考虑，选择了超声波发射与超声波接收相互独立的元件，以超声波信号在空气中的衰减程度作为距离检测的依据，而不是超声波信号在空气中的传输时间来计算距离。因此，该简易倒车雷达并不能测量出实际距离，仅能对一个固定距离内的遮挡物进行报警。在整个电路中，首先通过由 555 芯片构成的多谐振荡器产生 40 kHz 的方波信号，并由超声波发射元件发射出去；然后通过超声波接收元件获取遮挡物反弹回来的信号，并通过 LM324 芯片构成信号放大器进行放大；最后由 LM324 芯片构成比较器对放大后的信号与固定电压进行比较，决定是否报警。该项目的电路原理图如图 4-57 所示，器件清单见表 4-2。需要注意的是，本任务原理图中部分元件的参数并未给出，需要通过对电路的理解、分析及计算，从表 4-2 中选择合适的元件。

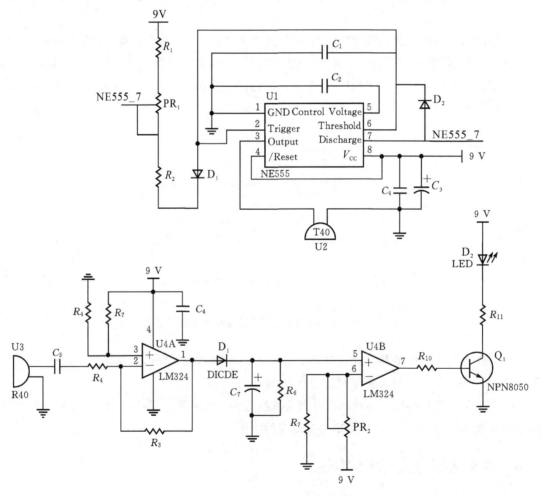

图 4-57　简易倒车雷达原理图

表 4－2　简易倒车雷达器件清单表

序号	名称	型号	数量
1	焊接板	—	1
2	运放	LM324	1
3	芯片插座	DIP14	1
4	555 芯片	NE555	1
5	芯片插座	DIP8	1
6	超声波发射元件	—	1
7	超声波接收元件	—	1
8	整流二极管	IN4007	2
9	开关二极管	IN4148	2
10	电解电容	4.7 μF/50 V	1
11		22 μF/50 V	1
12	电位器	50 kΩ	2
13	瓷片电容 （200％）	102	2
14		103	2
15		104	4
16	电阻 （200％）	1 kΩ	3
17		4.7 kΩ	3
18		10 kΩ	3
19		15 kΩ	3
20		20 kΩ	3
21		330 kΩ	3
22	晶体管	8050(NPN)	1
23	LED	—	1

2.调试步骤

(1)用示波器观察简易倒车雷达信号发射端 555 芯片 3 脚波形,调节 PR_1 使得该波形频率达到 40 kHz,同时观察超声波发射元件 T40 正端是否存在 40 kHz 波形。

(2)用示波器观察简易倒车雷达信号接收端的超声波接收元件 R40 正端波形:当没有遮挡物时,没有信号反弹回来,该点波形应该为直流信号;当有遮挡物存在,40 kHz 的信号被反弹回来,该点波形应该为 40 kHz 的正弦波,且遮挡物越近,正弦波的峰峰值越大。需要特别注意的是,由于反弹回来的信号很弱,为毫伏级信号,因此测量该点波形时,可将示波器电压档调至 200 mV 档。

(3)用示波器观察简易倒车雷达信号接收端运放 LM324 芯片 1 脚波形。为便于观察,可以将 LM324 芯片 1 脚与整流二极管 D_1 正端断开。当没有遮挡物时,没有信号反弹回来,该点波形应该为直流信号;当有遮挡物存在,40 kHz 的信号被反弹回来,该点波形应该为 40 kHz 的正弦波,且遮挡物越近,正弦波的峰峰值越大(此处信号经过放大,因此可将示波器电压档调回 2 V 档)。若未断开 LM324 芯片 1 脚与整流二极管 D_1 正端的连接,此处的波形受后端电路影响,不呈现正弦波形状。

(4)用示波器观察简易倒车雷达信号接收端运放芯片 LM324 芯片 5 脚、6 脚电压。调节 PR_2,使得当遮挡物较远时,LM324 芯片 6 脚电压大于其 5 脚电压,此时其 7 脚电压为低电平,发光二极管熄灭;当遮挡物较近时,LM324 芯片 6 脚电压小于其 5 脚电压,此时其 7 脚电压为高电平,发光二极管点亮,调试完毕。

3.根据原理回答下列问题

(1)仔细分析前述简易倒车雷达原理图,回答以下几个问题。

①超声波发射电路中,NE555 芯片产生的方波频率需达多少最合适?

②请详细分析该电路中的 2 个运放(U4A、U4B)在电路中的作用(若起到放大作用,算出放大倍数)。

③二极管 D_1、电解电容 C_7 在电路中所起作用?

④电阻 R_6 在电路中所起作用,若无该电阻,电路会出现什么情况?

⑤电位器 PR_2 在电路中所起作用?

⑥三极管 Q_1 在电路中所起作用?

(2)请叙述在项目制作过程中遇到的问题及最终解决办法。

项目 4 小结

本项目主要学习了位移检测定义及其检测分类,同时还详细介绍了编码器、超声波传感器、电感传感器、电容传感器、电阻传感器的检测原理及具体应用。学习的重点在于编码器应用过程中增量式与绝对式的区分,电感、电容、电阻测距过程中不同传感器的测量原理及具体测量应用中如何根据工程实际情况进行传感器选择。还需要特别注意的是,超声波传感器在不同的应用场合时,其测量电路、检测频率也各有不同。

课后习题

一、判断题

1.位置传感器是能感受被测物的位置并转换成可用输出信号的传感器。　　　　　　（　　）

2.编码器只能有一个输出相位。　　　　　　（　　）

3.编码器不仅能测量角度,还能测量距离。　　　　　　（　　）

4.接近开关使用简单、动作可靠,但价格昂贵。　　　　　　（　　）

5.电感式接近开关常用于检测金属物体。 （   ）

6.电感式接近开关最好不要放在有磁场的环境中,以免发生误动作。 （   ）

7.由于受电路影响,在三线制电容接近开关必须连接负载,否则会烧毁器件。 （   ）

8.当检测体为非金属材料时,如木材、纸张、塑料等应选用电容型接近开关。 （   ）

二、选择题

1.以下对于位移描述错误的是(   )。

　A.位移是指物体(质点)在空间上的位置变化

　B.位移检测传感器可以分为模拟式和数字式两类

　C.位移可以分为直线位移与曲线位移两种

　D.位移检测是将位移距离或角度转化为相应电信号

2.以下对编码器的描述不正确的是(   )。

　A.编码器可以分为相对型与绝对型

　B.编码器通常是指能将被检测的角度或距离转换成为相应数字信号的传感器

　C.编码器能测量长度

　D.光电编码器是通过光电转换将机械位移量转换成脉冲信号

3.1024 线的绝对式编码器输出相位(   )。

　A.4　　　　　　　B.6　　　　　　　C.8　　　　　　　D.10

4.以下对于超声波信号描述错误的是(   )。

　A.超声波是指频率大于 25 kHz 的声波

　B.一般测距超声波使用 40 kHz

　C.一般测流量超声波用 200 kHz

　D.测厚及探伤超声波信号可采用 1 MHz、2.5 MHz、5 MHz

5.倒车雷达测距过程中,超声波信号经过 6 ms 被接收传感器接收到,则障碍物与倒车雷达的距离大约为(   )。

　A.0.5 m　　　　　B.1.0 m　　　　　C.1.5 m　　　　　D.2.0 m

6.接近开关传感器有多种类别,下列不属于接近开关传感器的是(   )。

　A.电感式开关　　　B.电容式开关　　　C.霍尔式开关　　　D.继电器开关

7.对于电感接近开关使用注意事项描述正确的是(   )。

　A.电感接近开关的供电电压只能用直流电压

　B.二线制电感接近开关必须连接负载

　C.三线制电感接近开关必须连接负载

　D.电感接近开关可以检测非金属物体

8. 下列不属于电感式接近开关组成部分的是（　　　）。

   A. LC 高频振荡器　　B. 检波电路　　　　C. 放大电路　　　　　D. 输入电路

9. 电容式接近开关在工作过程中时电容的（　　　）产生变化，引起其法拉值变化。

   A. 电容极板的正对面积　　　　　　B. 电容极板的距离

   C. 电容的介电常数　　　　　　　　D. 电容极板宽度

10. 以下对于电容式接近开关描述正确的是（　　　）。

   A. 电容接近开关只能检测金属距离

   B. 电容式接近开关输入电压只能为直流电压

   C. 电容式接近开关可以分为常开型与常闭型

   D. 电容式接近开关输出必须有 3 条线

项目 5　力/压力是如何检测的

5.1　什么是力/压力检测及其分类

5.1.1　什么是力/压力检测

力是物理学中的基本概念之一,用于描述物体间相互作用的大小。力不能脱离物体而单独存在,力是使物体获得加速度或形变的外因。

力是指两种物体间的相互作用,其在现实生产生活中无处不在,因此受力检测应用也十分普遍。生产生活中的受力检测如图 5-1 所示。力/压力传感器是支撑工业过程自动化的四大传感器之一,它应用面广,不仅可以测量力和压力,也可用于测量负荷、加速度、转矩、位移、流量等其他物理量。衡量力的大小的国际单位是牛顿,符号为 N。通过牛顿第二定律 $F=ma$ 计算可知,1 kg 的物体在地表受到的重力 $G=1\ kg×9.8\ N/kg=9.8\ N$。

传统测量力的方法是利用弹性元件的形变和位移来表示的,其特点是成本低、不需要电源,但体积大、笨重、输出为非电量。后来,科学家们通过实验发现了应变计,通过电阻应变片的应变效应进行受力检测。特别是随着微电子技术发展,利用半导体材料的压电效应、压阻效应,研制出了半导体压力传感器,使这类传感器有了长足的进步。目前,半导体压力传感器正向集成化和智能化方面发展。

(a)电子台秤检测重量　　　　　　(b)汽车四轮平衡检测

图 5-1　生产生活中的受力检测

对于大气压力检测而言,该测量中所说的"压力"实际上是物理学中"压强"的概念,即垂直作用在单位面积上的力。生产生活中的气压检测如图 5-2 所示。

(a)气罐压力检测　　　　　　　　　　　(b)轮胎压力检测

图 5-2　生产生活中的气压检测

　　气体压力大小可以通过绝对压力、表压力、真空度、压差四种不同的方式进行衡量。其中，绝对压力是指被测介质作用在容器单位面积上的全部压力，其值从绝对零压力处开始计算，用来测量绝对压力的仪表称为绝对压力表。绝对压力与大气压力之差称为表压力，用来测量大气压力的仪表叫气压表。当绝对压力值小于大气压力值时，表压力为负值（即负压力），此负压力值的绝对值称为真空度。真空度是真空泵、微型真空泵、微型气泵、微型抽气泵、微型抽气打气泵等抽真空设备的一个主要参数。所谓"真空"，是指在给定的空间内，压强低于 101325 Pa的气体状态。用来测量真空度的仪表称为真空表，既能测量压力值又能测量真空度的仪表叫压力真空表。压差是指两个不同的气体压力之间的差值，用来测量空气压差的仪表称为空气压差表。气体压力的表示类型如图 5-3 所示。

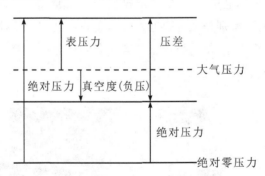

图 5-3　气体压力的表示类型

　　大气压力的国际标准单位是帕斯卡(Pa)，即 1 牛顿的力作用在 1 平方米面积上产生的效果。此外，在日常生产生活中，我们经常用标准大气压、工程大气压、毫米汞柱等单位描述大气压力。1 标准大气压等于 101325 帕斯卡，即 1 atm＝101325 Pa＝101.325 kPa，在计算中通常约为1 atm＝1.01×10⁵ Pa。1 工程大气压等于 98066.5 帕斯卡，即 1 at＝98066.5 Pa＝98.0665 kPa，在计算中通常约为1 at＝98 kPa。毫米汞柱即毫米水银柱(mmHg)，是指直接用水银柱高度的毫米数表示压强值的单位，1 mmHg≈133.3 Pa。

5.1.2 如何分类力/压力检测

在实际力/压力检测过程中,根据不同的测量对象要选择合适的力/压力传感器。根据实际应用情况的不同,常见的力/压力传感器有电阻式、电感式、电容式、压电式等。电阻式力/压力传感器根据测量原理又可分为通过应变效应进行测量的应变式传感器和通过压阻效应进行测量的压阻式传感器。常见的压电式力/压力传感器主要有石英晶体和压电陶瓷两类。力/压力检测传感器分类如图 5-4 所示。

| 电阻式传感器 | 应变式 | 应变效应 | 主要用于测量中压,结构简单、灵敏度高、反应速度快 |
| | 压阻式 | 压阻效应 | 主要用于测量中低压,尺寸小、重量轻、精度高、温度敏感 |

电阻应变式　　　　　　压阻式传感器

| 电感式传感器 | 主要用于测量中低压,灵敏度高、性能可靠、响应慢 |

Model168压力传感器　　　YSG-03压力传感器

| 电容式传感器 | 主要用于测量低微压,灵敏度高、线性度好、可非接触测量、响应快 |

CCPS312压力传感器　　　XN3351压力传感器

| 压电式传感器 | 石英晶体 | 压电效应 | 主要用于测量低微压,精度高、线性范围宽、重复性好 |
| | 压电陶瓷 | | 主要用于测量低微压,灵敏度高、结构简单、重量轻、工作可靠 |

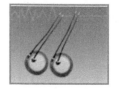

石英晶体传感器　　　　　压电陶瓷片

图 5-4 力/压力检测传感器分类

力/压力测试

129

5.2 电阻应变片是如何测力的

5.2.1 什么是电阻应变片

应变效应是指导体或半导体在外力作用下发生机械变形,其电阻值也会发生相应变化的物理现象。电阻应变片是利用应变效应原理制成的,它通过应变效应将应变片的机械变化转换为电阻变化,并由此检测出所受力的大小。该传感器测量精度高、频响特性好、结构简单,能在恶劣条件下工作,因此被广泛应用于航空、机械、电力、建筑等各个领域。

电阻应变片的分类方法很多,可按工作温度、使用材料等进行分类。按应变片的工作温度不同可分为低温、常温、中温及高温应变片;按应变片的基底材料不同可分为纸基应变片、胶基应变片和金属基应变片等;按应变片敏感栅所用的材料不同可分为金属应变片和半导体压阻应变片两种,如 5-5 所示。

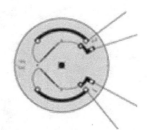

(a)金属应变片   (b)半导体压阻应变片

图 5-5 各类电阻应变片

根据电阻计算公式,导体或半导体电阻值可以表示为

$$R = \rho \frac{l}{s} \tag{5.1}$$

式中,ρ 为导线的电阻率;l 为电阻的长度;s 为导线截面的面积($s = \pi r^2$)。

将式(5.1)求偏倒后得知 R 的变化量可以表示为

$$dR = \frac{\partial R}{\partial l} \cdot dl + \frac{\partial R}{\partial s} \cdot ds + \frac{\partial R}{\partial \rho} \cdot d\rho \tag{5.2}$$

将 $\partial R / \partial l = \rho / s$,$\partial R / \partial s = \rho l (-1/s^2)$,$\partial R / \partial \rho = l/s$ 代入式(5.2)得

$$dR = \frac{\rho}{s}(dl - l \cdot \frac{ds}{s}) + \frac{l}{s} \cdot d\rho \tag{5.3}$$

由于截面面积 $s = \pi r^2$,可以求得 $ds = 2\pi r dr$,即 $ds/s = 2 \cdot dr/r$。引入力学中的泊松比概念 $\mu = -\frac{dr/r}{dl/l} = -\frac{1}{2} \frac{dr/r}{dl/l}$,则将 μ 带入式(5.3)可得

$$dR = \rho \frac{l}{s} \cdot (1 + 2\mu + \frac{d\rho/\rho}{dl/l}) \cdot \frac{dl}{l} \tag{5.4}$$

再将式(5.1)带入式(5.3)可得

$$\frac{dR}{R} = (1 + 2\mu + \frac{d\rho/\rho}{dl/l}) \cdot \frac{dl}{l} = K_0 \varepsilon \tag{5.5}$$

式中，$\varepsilon = \mathrm{d}l/l$ 表示单位长度应变；$K_0 = 1 + 2\mu + \dfrac{\mathrm{d}\rho/\rho}{\mathrm{d}l/l}$ 为应变灵敏系数，是单位长度应变引起的电阻应变率，其中 $1 + 2\mu$ 是有几何尺寸改变引起的，金属导体以此为主，$\dfrac{\mathrm{d}\rho/\rho}{\mathrm{d}l/l}$ 表示材料的电阻率随应变所产生的变化，半导体材料以此为主。

　　1.金属应变片的结构

　　金属应变片受外力作用时发生机械形变，导致其电阻值大小发生变化。根据 $R = \rho\dfrac{l}{s}$，当金属导体其受外力 F 拉伸时，l 增加，s 减小（即 r 减小），使得 R 值增加，反之亦然，如图 5-6 所示。金属应变片的灵敏系数 K_0 的范围一般为 1～6。

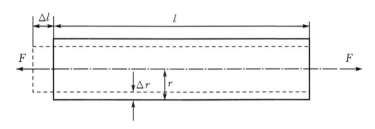

图 5-6　金属的电阻应变效应

　　金属应变片主要由四个部分组成：一是金属电阻丝（敏感栅），它是应变片的转换元件；二是基底和覆盖层，基底是将应变传送到敏感栅的中间介质并起到电阻丝与试件之间的绝缘作用，覆盖层起着保护敏感栅的作用；三是粘结剂，它将电阻丝与基底粘在一起；四是引出线，作为连接测量的导线。图 5-7 为金属应变片的典型结构。

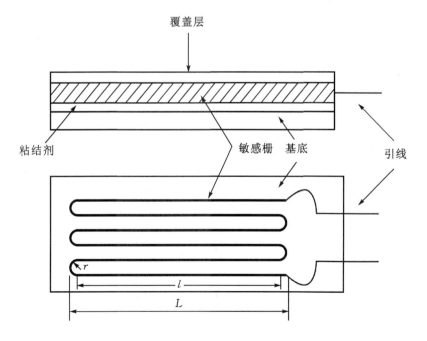

图 5-7　金属应变片的典型结构

2.半导体应变片的结构

半导体材料的电阻在外力作用下的相对变化与金属不同。当半导体材料受到应力作用时,其晶格间距就会发生变化,使得其电阻率发生变化,这一现象又称为压阻效应。因此,半导体应变片也可称为压敏电阻。半导体应变片是直接用单晶锗或单晶硅等半导体材料进行切割、研磨、切条、焊引线、粘贴一系列工艺制作过程完成的,和金属应变片相比,它的灵敏系数很高,可达100~200,但它的温度稳定性和重复性不如金属应变片优良。

半导体应变片主要由硅条、内引线、基底、电极和外引线五部分组成。硅条是应变片的敏感部分;内引线是连接硅条和电极的引线,材料是金丝;基底起绝缘作用,材料是胶膜;电极是内引线和外引线的连接点,一般用康铜箔制成;外引线是应变片的引出导线,材料为镀银铜线。半导体应变片结构如图5-8所示。

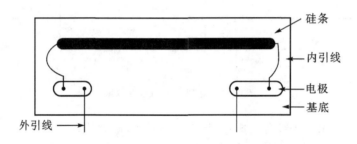

图5-8 半导体应变片的结构

电阻应变片的主要参数有电阻值、灵敏系数、最大工作电流等。

(1)电阻值 R_0:指在室温条件下,应变片在不受外力时的电阻值,也称为原始阻值,单位为 Ω。常见应变片的电阻值有 120 Ω、250 Ω、600 Ω、1000 Ω 等。

(2)灵敏系数 K_0:指将应变片装于试件表面,在其轴线方向的单位应变作用下阻值的相对变化率。灵敏系数主要由材料决定,一般为常数。

(3)最大工作电流 I_{max}:指应变片允许通过敏感栅而不影响其工作特性的最大电流。一般应变片最大工作电流在静态时为 25 mA,工作时为 75~100 mA。

(4)机械滞后:在一定温度下应变从零到一定值之间变化时,应变片电阻的相对变化特性如图5-9所示。在卸载和加强应变时,应变片电阻变化曲线并不重合,这个现象称为机械滞后。两条曲线间最大的差值 $\Delta\delta_m$ 称为滞后值。

(5)绝缘电阻值:敏感栅与基底间的绝缘电阻值,该值应大于 10^{10} Ω。若此值太小,则基片会使敏感栅短路。

用电阻应变片测量受力时,要将应变片粘贴到试件上。当试件受力发生变形时,应变片就会跟随试件一起变形,这时应变片中的电阻丝就会因机械变形而导致其电阻发生变化,电阻的变化也就反应了结构的受力情况。在应变片粘贴过程中,首先要保证应变片与被测物体共同产生变形,其次要保证电阻应变片本身电阻值的稳定,才能得到准确的应变测量结果。为了简化电阻应变片的使用,在一些称重场合可以预先将四片电阻应变片粘贴于固定结构内,即为称重传感器,其结构示意图和内部电路图如图 5-10 和图 5-11 所示。

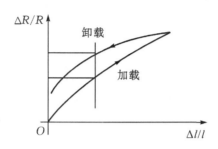

图 5-9　应变片的机械滞后示意图

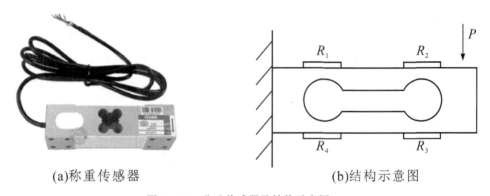

(a)称重传感器　　　　　　　　　(b)结构示意图

图 5-10　称重传感器及结构示意图

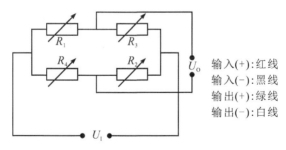

图 5-11　称重传感器内部电路图

　　称重传感器主要参数由额定载荷、供桥电压、灵敏度、非线性、允许使用温度等组成。

　　(1)额定载荷:传感器在规定技术指标范围内能够测量的最大轴向负荷。但实际使用时,一般只用额定载荷的 1/3~2/3。

　　(2)供桥电压:建议使用的最大工作电压,一般为 5~12 V。

　　(3)灵敏度:加额定载荷和无载荷时,传感器输出信号的差值,同时该值又与所加供桥电压相关,故其单位为 mV/V。

(4)非线性:表征传感器输出的电压信号与负荷之间对应关系精确程度的参数。

(5)允许使用温度:该参数说明了称重传感器所适用的温度范围。通过称重传感器允许使用温度一般标注为:$-20 \sim 70$ ℃;高温传感器许使用温度标注为:$-40 \sim 250$ ℃。

5.2.2　如何使用电阻应变片

在使用电阻应变片进行测量时,需要搭建测量电路用于测量应变变化而引起的电阻变化。电阻应变片测量电路通常有电压电桥电路和电流电桥电路两类,主要电路指标有灵敏度、非线性和负载特性。

1.电压电桥电路

直流电压电桥的基本电路如图 5-12 所示,其输出电压表示为

$$U_0 = E\left(\frac{R_2}{R_1 + R_2} - \frac{R_4}{R_3 + R_4}\right) \tag{5.6}$$

其中,R_1、R_3 和 R_4 都为固定阻值电阻,R_2 为电阻应变片,因此该电桥也被称为单臂电桥。若要该电桥满足在无压力时达到平衡,即 $U_0 = 0$,则由式(5.6)可以得出平衡条件为

$$R_1 R_4 = R_2 R_3 \tag{5.7}$$

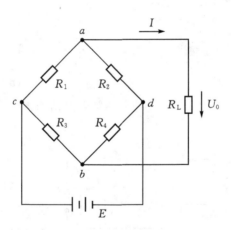

图 5-12　直流电压电桥测量电桥

当电阻应变片 R_2 受力产生应变时,其电阻的变化为 ΔR_2,则电桥的输出电压 U_0 为

$$U_0 = E\left(\frac{R_2 + \Delta R_2}{R_1 + \Delta R_2 + R_2} - \frac{R_4}{R_3 + R_4}\right) = E\frac{(R_3/R_4)(\Delta R_2/R_2)}{\left(1 + \frac{\Delta R_2}{R_2} + \frac{R_1}{R_2}\right)\left(1 + \frac{R_3}{R_4}\right)} \tag{5.8}$$

设桥臂比 $n = R_1/R_2$,由于 $\Delta R_2 \ll R_2$,分母中 $\Delta R_2/R_2$ 可忽略,并考虑到起始平衡条件式(5.7),则式(5.8)可简化为

$$U'_0 \approx E\frac{n}{(1+n)^2} \cdot \frac{\Delta R_2}{R_2} \tag{5.9}$$

单臂电桥的电压灵敏度定义为

$$S_r = \left| \frac{U'_0}{\Delta R_2 / R_2} \right| = \left| E \frac{n}{(1+n)^2} \right| \tag{5.10}$$

由上式可知,电桥的灵敏度正比于电桥的供电电压,供电电压越高,电压灵敏度越高,但是供电电压的提高受到应变片允许功耗的限制,所以供电电压应适当选择。电桥的灵敏度是桥臂比值 n 的函数,因此必须恰当地选择桥臂比值,保证电桥具有较高的电压灵敏度。

由式(5.10)可知,当 $n=1$ 时,S_r 为最大。即在电桥电压确定后,当 $R_1 = R_2$,$R_3 = R_4$ 时,电桥电压灵敏度最高。此时可分别将式(5.9)、式(5.10)简化为

$$U'_0 \approx \frac{1}{4} E \frac{\Delta R_2}{R_2} \tag{5.11}$$

$$S_r = \frac{1}{4} E \tag{5.12}$$

由以上两式可知,当电源电压 E 和电阻相对变化一定值时,电桥的输出电压及其灵敏度也是定值,且与各桥臂阻值大小无关。

在上面分析中,都是假定应变片的参数变化很小,而且可忽略掉 $\Delta R_1 / R_1$,这是一种理想情况。若利用式(5.11)计算,则会带入非线性误差,相对非线性误差表示为

$$r = \left| \frac{U_0 - U'_0}{U_0} \right| = \left| \frac{\Delta R}{2R} \right| \tag{5.13}$$

对于一般应变片来说,所受的应变 ε 通常是在 5000×10^{-6} 以下,若应变片的灵敏系数 K 取 2,则 $\Delta R_1 / R_1 = K\varepsilon = 2 \times 5000 \times 10^{-6} = 0.01$,代入式(5.14)计算,非线性误差为 0.5%,并不大。但对电阻相对变化较大的情况,就不可以忽视该误差了。例如半导体应变的 K 值为 130,当应变为 5000×10^{-6} 时,得到的非线性误差达 24.5%。因此半导体应变的测量电路应作特殊改进。

在具体测量应用中,可以根据被测试件的受力情况,将两个应变片分别接入电桥的相邻臂上,使其中一个应变片受拉力,另一个受压力,两者所受到的应变符号则相反,该电路称为半桥差动电路,如图 5-13 所示。该半桥差动电路的输出电压 U_0 为

$$U_0 = E\left(\frac{R_2 + \Delta R_2}{R_1 - \Delta R_1 + R_2 + \Delta R_2} - \frac{R_4}{R_3 + R_4} \right) \tag{5.14}$$

若 $\Delta R_1 = \Delta R_2$,$R_1 = R_2$,$R_3 = R_4$,则上式简化为

$$U_0 = \frac{1}{2} E \frac{\Delta R_2}{R_2} \tag{5.15}$$

由式(5.15)可知,U_0 与 $\Delta R_2 / R_2$ 为线性关系,所以差动电桥无非线性误差,而且将式(5.15)与式(5.11)比较发现,差动电桥的电压灵敏度比单臂应变片提高了一倍,同时还可以起到温度补偿的作用。

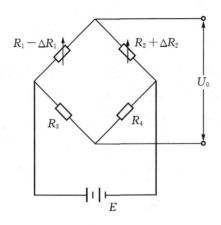

图 5-13　半桥差动电路

再进一步,若给电桥四臂都接入电阻应变片,使两个桥臂应变片拉长,另两个桥臂应变片缩短,则构成全桥差动电路,如图 5-14 所示。若满足 $R_1 = R_2 = R_3 = R_4$, $\Delta R_1 = \Delta R_2 = \Delta R_3 = \Delta R_4$,则输出电压为

$$U_0 = E \cdot \frac{\Delta R_1}{R_1} \tag{5.16}$$

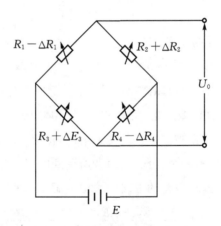

图 5-14　全桥差动电路

将式(5.16)与式(5.15)、式(5.11)相比可知,全桥差动电路的电压灵敏度比单臂电桥电路提高了 4 倍,比半桥差动电路提高了 1 倍,因此负载性能增强。

2.电流电桥电路

通过恒流源供电的电流电桥电路如图 5-15 所示。其中供桥电流为 I_0 ,通过各臂的电流为 I_1 和 I_2 ,若测量电路的输入阻抗较高,则电路中电流满足下列方程组

$$\begin{cases} I_1(R_1 + R_2) = I_2(R_3 + R_4) \\ I_0 = I_1 + I_2 \end{cases} \tag{5.17}$$

解该方程组得

$$\begin{cases} I_1 = \dfrac{R_3 + R_4}{R_1 + R_2 + R_3 + R_4} I_0 \\[3mm] I_2 = \dfrac{R_1 + R_2}{R_1 + R_2 + R_3 + R_4} I_0 \end{cases} \qquad (5.18)$$

输出电压为

$$U = \frac{R_2 R_3 - R_1 R_4}{R_1 + R_2 + R_3 + R_4} I_0 \qquad (5.19)$$

若电桥初始处于平衡状态($R_1 R_4 = R_2 R_3$),而且 $R_1 = R_2 = R_3 = R_4 = R$,则输出电压为0。

若受应力时,桥臂电阻 R 变为 $R + \Delta R$ 时, R_1 、 R_3 、 R_4 保持不变,电桥输出电压为

$$U_0 = \frac{R \Delta R}{4R + \Delta R} \cdot I_0 = \frac{1}{4} I_0 \Delta R \frac{1}{1 + \dfrac{\Delta R}{4R}} \qquad (5.20)$$

由式(5.20)可知,分母中的 ΔR 被 $4R$ 除,与(5.11)式比较,单臂电流电桥比前面的单臂电压电桥的非线性误差少了一倍。

若设计为受压力作用时,选择 R_2 、 R_3 有正增量 ΔR 、 R_1 、 R_4 有负增量 ΔR 。在考虑温度影响的情况下,且 $R_1 = R_2 = R_3 = R_4 = R$,电阻的 ΔR 相同,由式(5.19)可以推得

$$U_0 = \Delta R \cdot I_0 \qquad (5.21)$$

上式表明恒流源供电时,输出电压与压敏电阻增量及恒流源电流成正比,传感器的测量精度值只受恒流源精度的影响。这种供电方法的优点是电桥的输出与温度无关,不受温度的影响。

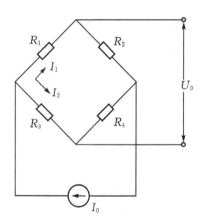

图 5-15　恒流源电流电桥电路

3.电子秤测量电路

如图 5-16 所示为一电子秤测量电路。该电路中通过称重传感器来感应被测重力,输出微弱的毫伏级电压信号。该电压信号再经过电子秤专用 A/D 转换器芯片 HX711 对传感器输出电压信号进行转换。同时,HX711 芯片通过 2 线串行方式与单片机通信。单片机读取被测

数据进行计算转换,然后在液晶屏上显示出来。

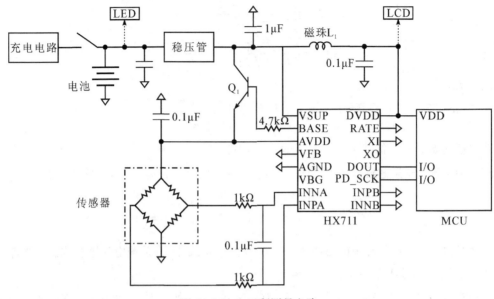

图 5-16 电子秤测量电路

5.3 压电传感器是如何测力的

5.3.1 什么是压电传感器

压电传感器是通过压电效应将传感器受到的力转换为电压信号,从而检测出受力大小。压电传感器具有灵敏度高、信噪比高、结构简单、重量轻、工作可靠等优点,可测力、加速度、扭矩等非电量,可应用于工程力学、生物医学、电声学等许多领域。

压电式传感器以某些晶体受力后在其表面产生电荷的压电效应为转换原理,按转换方式可以分为正压电效应和逆压电效应。当某些物质在外力作用下变形时,其相应表面上就会产生异号电荷,去掉外力后又回到不带电状态,这种没有外电场只是形变产生的极化现象称为正压电效应。当这些物质上施加电场时不仅产生极化同时还产生了应力或应变,去掉电场后,该物质的形变随之消失,把这种电能变成机械能的现象称逆压电效应。从实现原理而言,超声波传感器即为压电效应的具体应用,其中超声波发射传感器用的是逆压电效应,即通过振荡电压信号引起压电材料形变,产生空气振荡传播超声波信号。超声波接收传感器用的是正压电效应,即通过压电材料由空气中的超声波信号作用产生形变,在其表面产生电荷。压电效应示意图如图 5-17 所示。

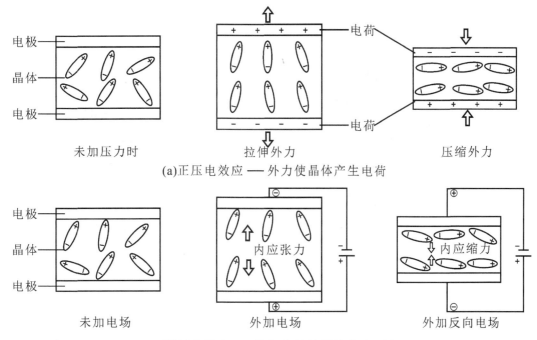

(a)正压电效应 —— 外力使晶体产生电荷

(b)逆压电效应 —— 外加电场使晶体产生形变

图 5 - 17 压电效应示意图

一般压电效应材料可以分为压电单晶材料、压电多晶材料(又称压电陶瓷)和压电有机材料。现介绍几种典型材料的压电效应原理及其应用。

1.石英晶体

石英晶体是应用最广的压电晶体,其性能稳定,有天然石英和人造石英两种。天然石英性能较人造石英更稳定,其介电常数和压电常数的稳定性好、机械强度高、绝缘性好、重复性好、线性范围宽。

石英晶体在温度低于 572 ℃时,为 α-石英,属六角晶系;高于 573 ℃时,为 β-石英,属三角晶系。实验证明,α-石英的压电效应很明显,β-石英的压电效应可忽略。α-石英外形为六角形晶柱,两端是六棱锥形状,有三个互相垂直的轴(如图 5 - 18(a)所示)。z 轴为与六个平行面平行的方向,光线通过 z 轴时不发生折射,也称之为晶体的光轴;与 z 轴垂直,且经过六棱柱棱线的轴为 x 轴(如图 5 - 18(b)所示);将垂直于 xz 平面的轴称为 y 轴。沿 x 轴施加作用力后的压电效应称为纵向压电效应,沿 y 轴施加力后产生的压电效应称为横向压电效应,而沿 z 轴施加力时则不产生压电效应。

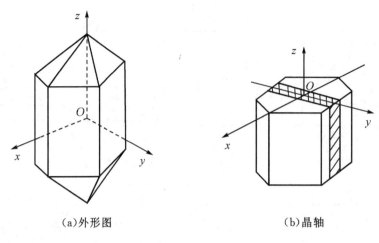

(a)外形图　　　　　　　　　　　　(b)晶轴

图 5 - 18　α-石英晶体

2.压电陶瓷

压电陶瓷是多晶体,每个晶粒有自发极化的电畴,每个单晶粒形成一个自发极化方向一致的小区域即电畴,电畴间边界叫畴壁,极化过程示意图如图 5-19 所示。刚烧结好的压电陶瓷内的电畴是无规则排列的,其总极化强度为 0,此时受力则无正压电效应。

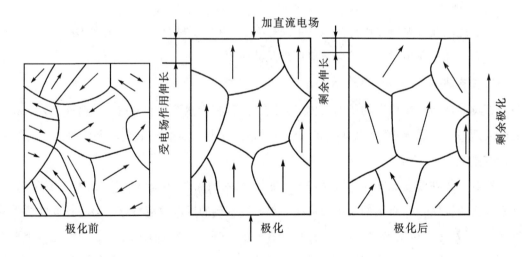

图 5-19　极化过程示意图

若给其加以强直流电场 E 进行极化,电畴的自发极化方向旋转到与外场方向一致,且压电陶瓷会形变伸长。在极化后,压电陶瓷中剩余极化强度会维持一定的剩余伸长,同时使与极化方向垂直的两端出现束缚电荷(一端为正、一端为负),但此时陶瓷片极化两端很快吸附一层外界的自由电荷且自由电荷与束缚电荷数目相等,极性相反,陶瓷对外也不显极性。不过,此时对压电陶瓷施加与极化电场方向相反的电场,则存在逆压电效应和陶瓷片缩小的情况。

如果此时加一个与极化方向相同(平行)的外力 F,陶瓷片产生压形变,电畴发生偏转,极化强度变小,吸附其表面的自由电荷有部分释放,呈放电现象。当撤销外压力时,陶瓷片恢复原状,极化强度变大,又吸附部分电荷而呈充电现象。这种因受力而产生的机械效应转变为电效应的现象就是压电陶瓷的正压电效应。

3. 新型压电材料

新型压电材料有压电半导体材料和高分子压电材料等。压电半导体材料有氧化锌、硫化镉、碲化镉等,这种力敏器件具有灵敏度高、响应时间短等优点。合成高分子聚合物薄膜经延展拉伸和电场极化后,具有一定的压电性能,这类薄膜称为高分子压电薄膜。目前出现的压电薄膜有聚二氟乙烯、聚氟乙烯、聚氯乙烯、聚 γ 甲基-L 谷氨酸酯等。高分子压电材料是一种柔软的压电材料,不易破碎,可以大量生产和制成较大的面积。压电传感器实物图如图 5-20所示。

(a)压电晶体传感器　　　　　(b)压电陶瓷传感器　　　　　(c)压电薄膜传感器

图 5-20　压电传感器实物图

压电材料的类型不同,其特性参数也不同。压电材料的主要特性参数有压电常数、弹性常数、居里点等。

(1)压电常数:衡量材料压电效应强弱的参数,它直接关系到压电输出的灵敏度。

(2)弹性常数:压电材料的弹性常数决定着压电器件的固有频率和动态特性。

(3)介电常数:对于一定形状、尺寸的压电元件,其固有电容与介电常数有关,而固有电容又影响着压电传感器的频率下限。

(4)机械耦合系数:在压电效应中,机械耦合系数等于转换输出能量(如电能)与输入的能量(如机械能)之比的平方根。机械耦合系数是衡量压电材料机电能量转换效率的一个重要参数。

(5)绝缘电阻:将减少电荷泄漏,从而改善压电传感器的低频特性。

(6)居里点:压电材料开始丧失压电特性的温度称为居里点。

将压电晶片产生电荷的两个晶面封装上金属电极后,就构成了压电元件。当压电元件的压电晶体承受被测机械应力的作用时,在它的两个极面上会出现极性相反但电量相等的电荷,因此,压电元件相当于一个电荷源;同时,在压电元件两极面之间是绝缘的压电介质,它又相当于一个以压电材料为介质的电容器。在实际检测过程中,压电元件可以等效为一个与电容并联的电荷源,也可以等效为一个与电容串联的电压源,其理论和实际等效电路如图 5-21 和图 5-22所示。

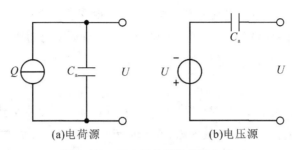

(a)电荷源　　　　　　　　(b)电压源

图 5-21　压电元件理论等效电路

由于仅在静态力的作用下,压电材料所产生的电荷会通过绝缘电阻泄露,因此,压电元件不能用于静态测量。只有在交变力的作用下,压电元件中的电荷才能源源不断地产生,可以供给测量回路以一定的电流,故其只适用于动态测量。

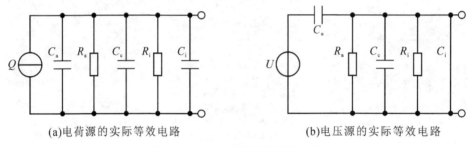

(a)电荷源的实际等效电路　　　　　　　　(b)电压源的实际等效电路

图 5-22　压电元件实际等效电路

压电元件的常用结构形式有并联与串联两种,如图 5-23 所示。并联形式下输出电容 $C'=nC$,输出电压 $U'=U$ 保持不变;但是输出电荷 $Q'=nQ$,增大为原来的 n 倍。并联后压电元件的时间常数增大,适合用于测量缓慢信号,并以电荷量作为输出的场合。串联形式下输出电容 $C'=C/n$,输出电压 $U'=nU$,电压增大为原来的 n 倍;而输出电荷 $Q'=Q$ 保持不变。串联模式适用于以电压作为输出量以及测量电路输入阻抗很高的场合。

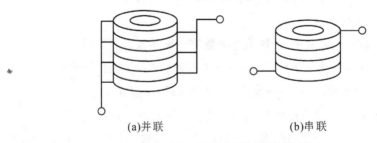

(a)并联　　　　　　　　(b)串联

图 5-23　压电元件的常用结构形式

5.3.2　如何使用压电传感器

由于压电式传感器的内阻很高,所以一般压电元件需要与高输入阻抗的前置放大电路配合,防止电荷的迅速泄漏而使测量误差减少。压电元件的前置放大器的作用有两个:一是把压电元件的高阻抗输出变为低阻抗输出;二是把传感器的微弱信号进行放大。

　　根据压电元件的工作原理及等效电路可知,它的输出可以是电荷信号,也可以是电压信号,因此与之配套的前置放大器也有电荷放大器和电压放大器两种形式。由于电压前置放大器的输出电压与电缆电容有关,故目前多采用电荷放大器。

　　1. 电荷放大器

　　并联输出型压电元件可以等效为电荷源,电荷放大器实际上是一个具有反馈电容 C_f 的高增益运算放大器电路。电荷放大器的输出电压仅与输入电荷和反馈电容有关,电缆电容等其他因素的影响可以忽略不计。电荷放大器等效电路如图 5 - 24 所示。

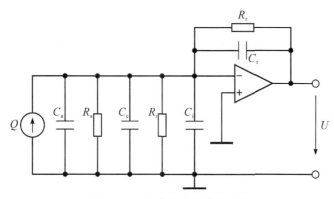

图 5 - 24　电荷放大器等效电路

　　2. 电压放大器(阻抗变换器)

　　串联输出型压电元件可以等效为电压源,但由于压电效应引起的电容量很小,因而其电压源等效内阻很大,在接成电压输出型测量电路时,要求前置放大器不仅有足够的放大倍数,而且应具有很高的输入阻抗。电压放大器等效电路如图 5 - 25 所示。

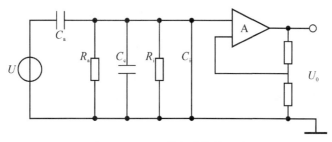

图 5 - 25　电压放大器等效电路

　　如图 5 - 26 所示为一个压电式高料位自动控制及报叫电路。该电路实由压电式料位传感器 IC_1、继电器控制机件电路、模拟发声电路和交流降压整流电路等组成。在料位升至设定的高料位位置时,电路能发出给定的模拟声,并同时切断送料设备的供电电源,使送料停止,确保运行安全。其中,IC_1 是一种压电式料位集成传感器,它由自激式振荡器、整流电路、电压比较电路和开路输出级等组成,其电路如图 5 - 27 所示。

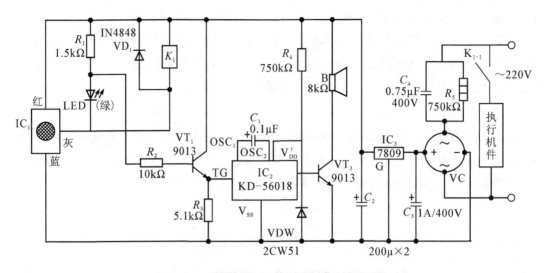

图 5-26 压电式高料位自动控制及报叫电路

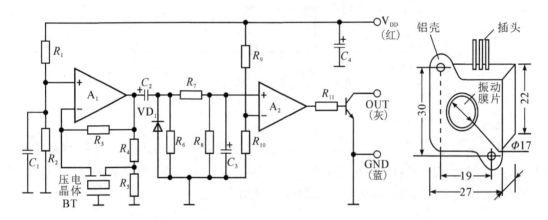

图 5-27 压电式料位集成传感电路

如图 5-28 所示是一个压电陶瓷片声控照明灯电路,其中,FT-27 为压电陶瓷传感器,该传感器受到一定压力后输出相应电压信号导通三极管 VT_1。因此,由 555 芯片构成的单稳态单路中 2 脚信号被拉低,使得其 3 脚输出高电平信号导通三极管 VT_2,进而导通三极管 VT_3,点亮照明灯 H。

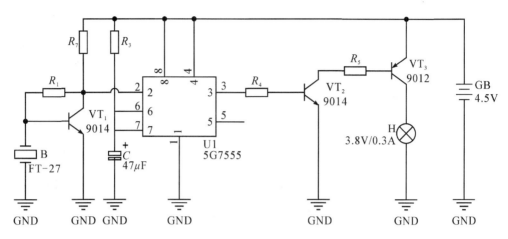

图 5-28 压电陶瓷片声控照明灯电路

5.4 如何制作手指测力器

本次任务为制作一个手指测力器,具体功能要求如下:

(1)可以灵敏检测手指出力大小。

(2)具有两层受力大小的指示。

(3)能够调节具体测力范围。

1.设计任务分析

手指测力器制作选用的传感器是常用的金属电阻应变片。需要注意的是,在电阻应变片使用前,需要将它粘贴到受力板上(实验中可以选用合适的印制电路板作为受力板)。在电路中,首先将电阻应变片与两个固定电阻、一个可调电阻构成测量电桥,然后通过运放构成差动放大电路对信号进行放大,之后又用运放构成两个比较电路实现分级的受力测量。该项目的电路如图 5-29 所示,器件清单见表 5-1。需要注意的是,本任务原理图中部分元件的参数并未给出,需要通过对电路的理解、分析及计算,从表 5-1 中选则合适的元件。

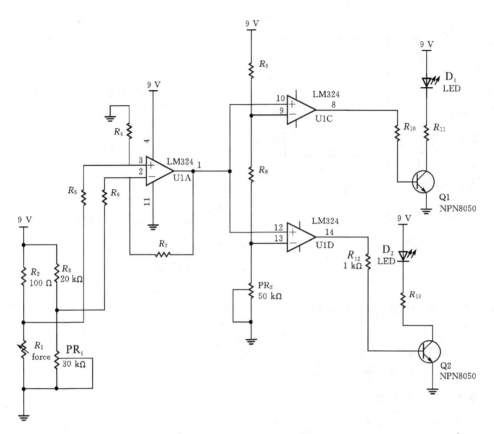

图 5 - 29 手指测力器电路图

表 5 - 1 手指测力器器件清单表

序号	名称	型号	数量
1	焊接板	—	1
2	运放	LM324	1
3	芯片插座	DIP14	1
4	电阻应变片	—	1
5	晶体管	8050(NPN)	2
6	电解电容	100 μF/25 V	1
7	电位器	50 kΩ	2
8		100 Ω	5
9		1 kΩ	5
10	1/4W 电阻	10 kΩ	5
11	(200%)	15 kΩ	3
12		20 kΩ	5
13		100 kΩ	6
14	LED	—	2

2. 调试步骤

(1)先检测电阻应变片是否工作正常：通过万用表测量电阻应变片电阻，正常时电阻约为120 Ω，当用手在两端用力弯曲受力板时，电阻应变片的阻值增加。

(2)测量运放 LM324 芯片 1 脚电压，调节 PR_1，使得正常时该脚电压与用力弯曲受力板后电压有明显变化，并记录两个电压数据 U_1、U_2。

(3)分别调节 PR_2、PR_3，使得 LM324 芯片输出端 13 脚、9 脚的电压位于上一步记录的两个电压之间。

(4)稍用力弯曲电阻应变片板，发光二极管 D_2 点亮（发光二极管 D_1 熄灭）；加力弯曲电阻应变片板，两个发光二极管 D_1、D_2 都点亮，调试完毕。

3. 根据原理回答下列问题

(1)请仔细分析前述手指测力器电路图（图 5 - 29），回答以下几个问题。

①电阻应变片的工作原理是什么？

②该电路中可调电阻 PR_1 的作用是什么？

③直流电桥分单臂、半桥、全桥，请指出本例所用的电桥类型，并画出其他两类直流电桥示意图。

④该电路中 LM324 的 U1A 作为放大器使用，其放大倍数是多少？

⑤该电路中的 R_4 的作用是什么？

⑥该电路中 LM324 的 U1B、U1C 在电路中起什么作用？

(2)请叙述在项目制作过程中遇到的问题及最终解决办法。

项目 5 小结

本项目主要学习了力/压力检测及其不同分类，同时还详细介绍金属电阻应变片、半导体电阻应变片（压敏电阻）、压电传感器的检测原理及具体应用。学习的重点在于力/压力检测中不同传感器的测量原理及具体测量应用中如何根据工程实际情况进行传感器选择。需要特别注意的是，由于不同力/压力检测传感器具有不同的特点，因此其测量电路也各有不同。

课后习题

一、判断题

1. 数字压阻气压表是利用单晶硅材料的压阻效应制成的传感器。　　　　　　（　　）

2. 在压力检测中，真空度就是负压值。　　　　　　　　　　　　　　　　　（　　）

3. 电阻应变片的标称电阻 R_0 是指 0 ℃下应变片电阻值。　　　　　　　　　（　　）

4. 压电陶瓷经过极化处理才具有压电效应。　　　　　　　　　　　　　　　（　　）

5. 压电式测力传感器不能测动态力。　　　　　　　　　　　　　　　　　　（　　）

6. 压电效应是不可逆的，即晶体在外加电场的作用下不能发生形变。　　　　（　　）

7. 压电传感器输出信号具有正负方向。　　　　　　　　　　　　　　　　　　（　　）

8. 在压电陶瓷片上一直加恒定压力，由于电荷不断泄露，指针摆动一下就会慢慢回零。（　　）

二、选择题

1. 以下不是压力单位是（　　）。

 A. 摩尔　　　　　　　　B. 帕斯卡　　　　　　　C. 工程大气压　　　　D. 毫米汞柱

2. 氢气球上升到一定高度后，往往自行破裂掉，其原因是（　　）。

 A. 高空气压大，将气球压破　　　　　　　B. 高空阳光强，将气球晒爆

 C. 高空温度低，气球冻破　　　　　　　　D. 高空气压小，气球向外膨胀

3. 购买称重传感器首先需要注意的参数是（　　）。

 A. 额定载荷、最大工作电压、标称电阻

 B. 额定载荷、最大工作电压、灵敏度

 C. 额定载荷、标称电阻、灵敏度

 D. 标称电阻、最大工作电压、灵敏度

4. 将电阻应变片贴在（　　）上，就可以分别做成测力、位移、加速度等参数的传感器。

 A. 弹性元件　　　　B. 质量块　　　　　　C. 导体　　　　　　　D. 半导体

5. 以下对压电传感器描述错误的是（　　）。

 A. 压电传感器是通过压电效应来检测压力的

 B. 压电传感器被广泛应用在智能交通、航空、军事、建筑等领域

 C. 逆压电效应是指是某些材料在一定方向上受到力作用时，表面会出现正负电荷 D. 压电传感器具有正压电效应和逆压电效应

6. 使用压电陶瓷制作的力或压力传感器可测量（　　）。

 A. 人的体重　　　　B. 自来水管中的水的压力

 C. 车刀在切削时感受到的切削力的变化量

 D. 车刀的压紧力

7. 压电式传感器是一种（　　）传感器。

 A. 气敏　　　　　　B. 光敏　　　　　　　C. 磁敏　　　　　　　D. 力敏

8. 在压电式传感器中，为了提高灵敏度，往往采用两片或多片压电芯片构成一个压电组件。根据两片压电芯片的连接关系，可以增大输出电荷，提高灵敏度的是（　　）。

 A. 串联　　　　　　　　　　　　　　　B. 并联

 C. 并联、串联都可以　　　　　　　　　D. 混联

9. 蜂鸣器中发出"滴滴"声的压电材料的（　　）。

 A. 应变效应　　　　　　　　　　　　　B. 电涡流效应

 C. 正压电效应　　　　　　　　　　　　D. 逆压电效应

10. 以下选项中不是压电材料有（　　）。

 A. 石英晶体　　　　B. 晶硅　　　　　　　C. 双金属片　　　　　D. 多晶陶瓷

项目6 红外是如何检测的

6.1 什么是红外检测及其分类

6.1.1 什么是红外检测

    红外线与可见光一样都属于电磁波,不过红外线不能被人眼直接看见,是太阳光中众多不可见光中的一种。红外线的频率介于微波与可见光之间,其波长为 $0.75\sim1000~\mu m$。太阳光的光谱图如图 6-1 所示。

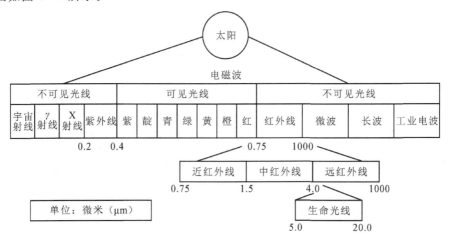

图 6-1 太阳光的光谱图

    根据红外线波长的不同,可将其分为三部分:近红外线,波长为 $0.75\sim2~\mu m$;中红外线,波长为 $2\sim25~\mu m$;远红外线,波长为 $25\sim1000~\mu m$。自从德国科学家霍胥尔于 1800 年发现红外线以来,红外线在日常生活中得到了广泛应用。

    由于红外线不受可见光干扰,且波长比较长,容易穿透烟雾等障碍,因此在夜视仪、监控设备、洗手池红外感应中,都应用了红外线技术。同时,红外还是一种无线通信方式,可以进行无线数据的传输,并得到了普遍应用,如各类红外遥控器、红外鼠标、红外打印机、红外键盘等。红外通信的主要特征是:红外传输是一种点对点的传输方式,无线但不能离的太远,要对准方向,且中间不能有障碍物也就是不能穿墙而过,几乎无法控制信息传输的进度。

    此外,由于任何物体只要温度高于绝对零度($-273.15~℃$)就会向外辐射红外线,且不同温度下辐射的红外线波长不同,因此可以通过红外线进行温度检测,如耳温枪测温等。生产生活中的红外线技术应用如图 6-2 所示。

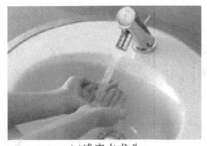
(a)感应水龙头

(b)遥控器

(c)耳温枪

图 6-2　生产生活中的红外线技术应用

6.1.2　如何分类红外检测

红外检测根据测量目的的不同,可以分为红外感应、红外通信、红外测温三类。此外,根据红外检测的发射接收方式不同,可以分为发射接收型、辐射接收型两类,其中发射接收型又可以分为直射式和反射式两类,如图 6-3 所示。

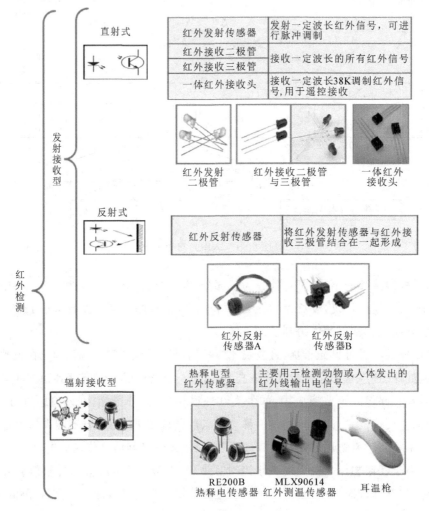

图 6-3　红外检测分类

6.2   红外晶体管是如何工作的

6.2.1   什么是红外晶体管

红外晶体管与可见光型光敏晶体管一样,都属于光敏晶体管的一种,是利用半导体材料的内光电效应制成的特殊光传感器件。不同的是,可见光型光敏晶体管对可见光信号产生反应,而红外晶体管对红外信号产生反应。红外晶体管同样具有灵敏度高、高频性能好、可靠性好、体积小、使用方便等优点,在各种光控、红外遥控、光探测、光纤通信等装置中应用都很普遍。

红外晶体管可以分为发射晶体管和接收晶体管两类,其中红外发射晶体管用于产生红外信号,红外接收晶体管用于接收红外信号。红外发射晶体管在外形上与普通发光二极管没有区别,如图 6-4 所示。不同的是,普通发光二极管发出的光信号人眼可见,而红外发射晶体管发出的红外信号人眼不可见,因此,无法通过人眼判别电路中的红外发射晶体管是否正常工作,需要通过万用表检测进行判断。在正常工作情况下,红外发射晶体管管压降约 1.4 V,工作电流一般小于 20 mA。也可以用万用表 $R \times 10$ kΩ 挡直接测量红外发光晶体管的正、反向电阻来判断其是否正常。当红外发光晶体管正向电阻约为 15~40 kΩ、反向电阻大于 200 kΩ 时,该器件正常;若测得正、反向电阻值均接近零,则红外发光晶体管内部已击穿损坏;若测得正、反向电阻均为无穷大,则说明红外发光晶体管已开路损坏;若测得的反向电阻远远小于 200 kΩ,则说明红外发光晶体管已漏电损坏。

图 6-4   红外发射晶体管实物及符号图

红外接收晶体管与普通可见光型光敏晶体管没有差别,也称为红外光敏晶体管,其分为红外光敏二极管和红外光敏三极管两类,如图 6-5 所示。而且,大多数红外光敏三极管也只有集电极 c 和发射极 e 两根引脚,其外形与红外光敏二极管几乎完全一样。但是,由于红外光敏晶体管在使用过程中仅对红外信号产生反应,因此需要注意红外光敏晶体管与红外发射晶体管的配对使用。另外,购买红外发射管与红外光敏管要注意其波长配对。

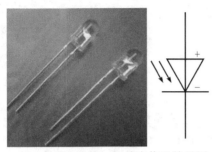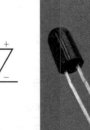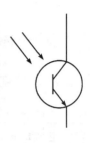

(a)红外光敏二极管实物及符号图　　　　(b)红外光敏三极管实物及符号图

图 6-5　红外光敏晶体管实物及符号图

红外光敏二极管在工作时与普通光敏二极管一样,需在两端加上反向电压(如图 6-6 所示),这样才能通过接收红外发射二极管发出的红外信号来控制电路导通或断开。

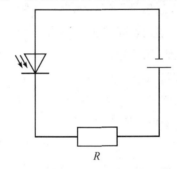

图 6-6　红外光敏二极管基本工作电路

红外光敏三极管可以等效看作是由一个红外光敏二极管和一个半导体三极管组合而成,因此它不但具有和红外光敏二极管一样的红外感应特性,而且还具有一定的电流放大能力,使用更方便、更广泛。红外光敏三极管在功能上可将它等效看成是在一只普通晶体三极管的基极 b 和集电极 c 之间加接了一个红外光敏二极管。一般情况下,只引出集电极和发射极,其基本工作电路如图 6-7 所示。

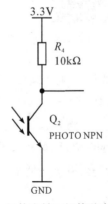

图 6-7　红外光敏三极管基本工作电路

红外光敏二极管的光电流小,输出特性线性度好,响应时间快。红外光敏三极管的电流放大作用使红外光敏三极管对红外信号的反应灵敏度大大提高。在同样的光照条件下,红外光敏三极管产生的光电流要比红外光敏二极管大几十倍甚至几百倍。但是红外光敏三极管输出特性线性度较差,响应时间慢。一般在要求灵敏度高、工作频率低的开关电路中,选用红外光敏三极管;而在要求光电流和照度成线性关系或要求在高频率下工作时,采用红外光敏二极管。

红外光敏二极管与红外光敏三极管无法通过外形进行区分,因此需要通过万用表测量来判别。若器件两脚之间的正反向电阻值为一大一小,则该器件为红外光敏二极管;若器件两脚之间的正反向电阻都很大(大约为几十万欧),则该器件为红外光敏三极管。

由于红外发射管与红外光敏管基本上都是配对使用,因此经常将其组装在一起形成红外对管,如图 6-8 所示。TCRT5000 是一种基于红外光学反射原理的传感器,它包含一个红外发光二极管和一个红外光敏三极管,光敏三极管内部覆盖了用于阻挡可见光的材质。

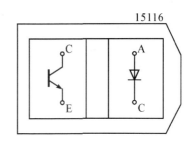

图 6-8 红外对管 TCRT5000

工作时,TCRT5000 的红外发光二极管不断发射红外线,其波长为 950 nm。当发射的红外线没有被障碍物反射回来或者反射强度不足时,红外光敏三极管不工作;当红外线的反射强度足够且同时被红外光敏三极管接收到时,光敏三极管处于工作状态,并提供输出。红外光敏三极管在工作时其集电极电流值 I_c 约为 1 mA。TCRT5000 的工作范围约为 0.2~15 mm。

红外对管的基本工作电路如图 6-9 所示。在电路上电后,红外发射二极管不断发射红外线,通过调整红外发射二极管发射端和 GND 之间的电阻值(范围为 100~550 Ω)以及红外接收三极管发射极与 GND 之间的电阻值(范围为 5~20 kΩ),可使测试性能达到预期。即当红外对管靠近障碍物将足够强度的红外信号反射时,红外光敏三极管导通,OUT 端输出高电平,当发射出的红外线没有被反射回来或被反射回来但强度不够大时,红外光敏三极管截止,OUT 端输出低电平。

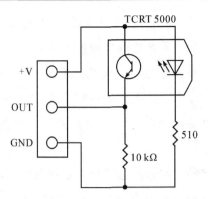

图 6 - 9　红外对管 TCRT5000 基本工作电路

6.2.2　如何使用红外晶体管

红外晶体管的种类繁多,且参数相差较大,因此需要根据实际要求进行选用。首先确定好类别,再确定型号,最后从同型号中选用参数满足电路要求的晶体管。在使用红外晶体管之前,要了解红外晶体管需要注意的主要参数。

(1)辐射强度:红外发光二极管辐射红外线能量的大小。辐射强度的单位为 nW/sr,即红外发射二极管发射的红外线在单位立体角(sr)所辐射出的光功率大小。辐射强度与输入电流成正比。

(2)峰值波长 λ_p:红外发射二极管发出的红外信号在分光仪上测出的能量分布,其峰值位置所对应的波长。峰值波长的单位为 nm,一般有 850 nm、875 nm、940 nm、980 nm 等。在辐射强度上,峰值波长 850 nm 的红外晶体管>峰值波长 880 nm 的红外晶体管>峰值波长940 nm 的红外晶体管;在价格上亦然。目前市场上使用的红外发光二极管多为峰值波长 850 nm 和 940 nm,因为峰值波长 850 nm 的发射功率大,照射的距离较远,所以主要用于红外监控器材上;峰值波长 940 nm 的主要用于家电类的红外遥控器上;而峰值波长 875 nm 的主要用于医疗设备。

(3)发射角度:红外发光二极管辐射强度因发射方向而异,当方向角度为零度时,其辐射强度最大;当方向角度逐步增大时,其辐射强度逐步减小,如图 6 - 10 所示。当辐射强度降为其最大辐射强度一半时,该方向角度即为红外发射二极管的发射角度,也称为方向半值角。此角度越小代表元件的指向性越灵敏,如在二极管上附加透镜,其指向性会更灵敏。一般发射角度有 15°、30°、45°、60°、90°、120°、180°等。

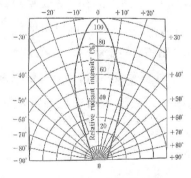

图 6 - 10　不同方向角度的辐射强度

（4）最大瞬间电流 I_{FP}：允许加到二极管上的最大瞬间电流，只允许脉冲电流使用，且不能长时间点亮，该值一般为几百毫安。

（5）最大正向电流 I_{FM}：允许加到二极管上的最大正向电流，使用时超过此值会损坏器件，该值一般不大于 20 mA。

（6）最大反向电压 V_{RM}：允许加到二极管上的最大反向电压，使用时超过此值可能会击穿二极管。

（7）允许功耗 P_M：允许加在二极管两端的正向电压和流过它的电流之积的最大值，超过此值会造成 LED 发射以及损坏。

此外，红外发光二极管可以按照功率进行分类：小功率（1～10 MW）、中功率（10～50 MW）、大功率（50～100 MW）；也可以按照尺寸进行分类：$\phi 3$（小功率）、$\phi 5$（小功率）、$\phi 8$（中大功率）、$\phi 10$（大功率）。

红外接收二极管、红外接收三极管需要注意的主要参数如下：

（1）最高工作电压：在无红外信号、反向电流不超过规定值的前提下，红外接收二极管所允许加的最高反向工作电压；或指在无红外信号、集电极漏电流不超过规定值的前提下，光敏三极管所允许加的最高工作电压。

（2）暗电流：在无红外信号的情况下，给红外接收晶体管施加规定的工作电压时，流过晶体管的漏电流。暗电流越小越好，这样的晶体管性能稳定，检测弱光的能力强。暗电流随环境温度的升高会逐步增大。

（3）光电流：指在规定的红外信号条件下，给红外接收晶体管施加规定的工作电压时，流过红外接收晶体管的电流。光电流越大，说明红外接收晶体管的灵敏度越高。

（4）光电灵敏度 S_n：反映红外接收晶体管对红外信号敏感程度的参数，用 1 μW 入射光所能产生的光电流来表示，单位是 μA/μW 或 mA/μW。实际应用时，光电灵敏度 S_n 越高越好。

（5）响应时间 t_r：红外接收晶体管将光信号转换成电信号所需要的时间。响应时间越短，说明反应速度越快，工作频率越高。

红外光敏二极管与红外光敏三极管的特性比较与普通光敏晶体管一致，红外光敏二极管的光电流小（微安级电流），输出特性线性度好，响应时间快（百纳秒以下）；红外光敏三极管的光电流大（毫安级电流），输出特性线性度较差，较易受周围温度影响，光电流波动较大，响应时间慢（5～10 μs），芯片尺寸小，成本低。一般要求灵敏度高、工作频率低的开关电路选用红外光敏三极管；而要求光电流与照度成线性关系或要求在高频率下工作时，应采用红外光敏二极管。此外红外光敏三极管常用在反射受光场合，红外光敏二极管一般都是用在直接受光场合。

图 6-11 是一个红外计数电路。其中，红外线发射电路由电阻器 R_1 和红外发光二极管 VL_{10} 组成。红外线接收放大电路由红外光敏二极管 VD、电阻器 R_2、R_3、R_4 和晶体管 V_1 组成。接通电源开关 S_3 后，IC_2 通电复位，其 Y_0 端输出高电平，VL_0 点亮，计数为"0"。当有物体遮挡住由 VL_{10} 射向 VD 的红外光时，VD 的内阻迅速增大，使 V_1 由导通变为截止，其集电极由低电平变为高电平，使 IC_2 计入一个计数脉冲信号，IC_2 的 Y_1 端变为高电平，使 VL_4 点亮，计数为"1"…当

第 9 次用物体遮挡住 VL_{10} 发射的红外光时,IC_2 的 Y_9 端变为高电平,使 VL_9 点亮,计数为"9"。

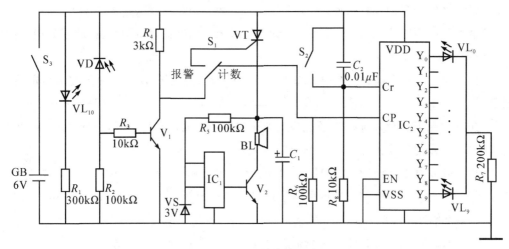

图 6-11 红外计数电路

如图 6-12 所示是一个红外三极管基本应用电路,其中红外发射电路由电阻 R_2、三极管 Q_2、电阻 R_3 与红外发射二极管 D_1 组成,红外光敏电路由红外光敏管和放大电路组成。Q_4 接收到红外信号后,经过三极管 Q_1 进行一级放大,放大后的信号送入三极管 Q_3 进行第二级放大,就可以得到放大后的红外接收信号。

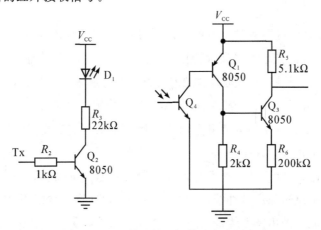

图 6-12 红外光敏三极管基本应用电路

如图 6-13 所示是一个寻轨小车道路检测电路。该电路中,主控单片机送出的高电平通过 U6F 反相后启动红外对管中的发射二极管。当寻轨小车的红外对管位于黑色轨道上方时,红外发射二极管发射出的红外信号被黑色轨道吸收,则红外对管中的红外光敏三极管无法导通,处于截止状态。比较器 U_8 中 2 脚电压处于高电平并高于 3 脚电压,使得 U_8 的 1 脚输出低电平,发光二极管 L_1 点亮。当红外对管偏离黑色轨道时,红外发射二极管发射出的红外信号被白色路面反射,则红外对管中的红外光敏三极管导通,比较器 U_8 中 2 脚电压处于低电平并低于 3 脚电压,使得 U_8 的 1 脚输出高电平,发光二极管 L_1 熄灭。

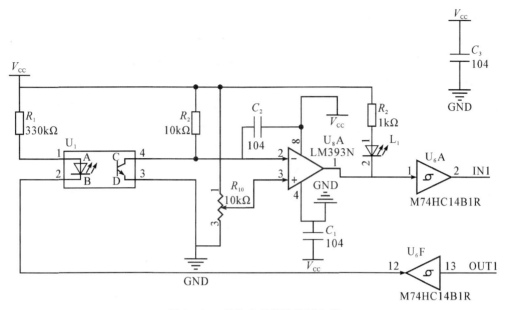

图 6-13 寻轨小车道路检测电路

红外发射管与红外光敏管也可以一同组成红外接近开关,又称为红外光电开关,如图 6-14所示。红外接近开关与电感式接近开关、电容接近开关一样,是一种具有开关量输出的位移传感器,它采用高效红外发光二极管和红外光敏三极管作为光电转换元件,实现红外调制型无损检测,使用电源有交流和直流两种。红外光电开关的检测距离为 0.05~10 m,并有灵敏度调节及动作前后延时等功能。产品具有体积小、使用简单、性能稳定、寿命长、响应速度快以及抗冲击和抗干扰能力强等特点,可以检测金属、塑料、木头、磁铁等物体,可与PLC、伺服控制器、变频器、计算器、控制器连接达到自动输入信号的目的。其广泛应用于现代轻工、机械、冶金、交通、电力、军工及矿山等领域的安全生产、自动生产控制及计算机输入接口信号。

图 6-14 红外接近开关

红外接近开关需要注意的主要参数有：

(1)动作距离：动作距离是指被测物体按一定方式移动时,从基准位置(光电开关的感应表面)到开关动作时测得的空间距离。额定动作距离指接近开关动作距离的标称值。

(2)响应频率：按规定的 1 s 的时间间隔内,允许光电开关动作循环的次数。

(3)输出状态：输出状态分常开和常闭。当无检测物体时,常开型的光电开关所接通的负载由于光电开关内部的输出晶体管的截止而不工作;当检测到物体时,晶体管导通,负载得电工作。

(4)检测方式：根据光电开关在检测物体时发射器发出的光线被折回到接收器的途径的不同,可分为漫反射式、镜反射式、对射式等。

(5)输出形式：如图 6-15 所示,可以分为 NPN 型、PNP 型、直流二线、交流二线、常开、常闭等多种常用形式输出。

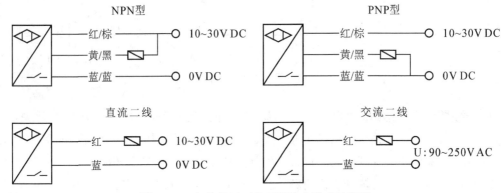

图 6-15　红外接近开关不同输出形式示意图

6.3　红外遥控是如何工作的

6.3.1　什么是红外遥控

红外遥控是一种通过红外信号传输数据,实现无线、非接触远程控制的技术。红外遥控具有抗干扰能力强、信息传输可靠、功耗低、成本低,硬件接口构造简单且使用方便,软件系统编程灵活等显著优点,被诸多电子设备特别是家用电器广泛采用,并越来越多地应用到计算机和手机中。

此外,与无线电波相比,红外线的波长较短,所以这两种电波同时存在的环境下也不会影响各自设备的正常工作。由于红外线不能穿透墙壁,所以各个房间内的遥控器工作时也互不干扰。

通用红外遥控系统由红外发射和红外接收两大部分组成,如图 6-16 所示。为了能够通过红外遥控信号识别不同的按键并有效提高红外遥控信号的抗干扰能力,红外遥控过程中发送的控制信号是一连串红外脉冲编码信号。因此,红外遥控的发射部分是由键盘编码、信号调制和红外发射管三部分组成,红外遥控的接收部分由红外接收管、信号放大与解调、解码输出三部分组成。

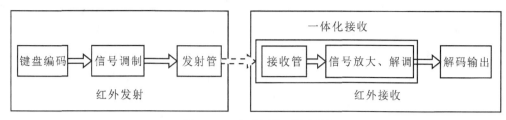

图 6-16　红外遥控系统框图

红外发射电路采用的发射管一般是 940 nm 的红外发光二极管。由于红外遥控中通常都需要识别几个至几十个不同的按键,所以需要先对键盘信息进行编码与调制,通过发送不同编码脉冲来表示不同的功能按键信号。

目前,红外编码方式还没有统一的国际标准,每个生产厂家使用的编码格式各不相同。目前主要使用的编码标准有 RC5、NEC、SONY、REC80 等,其中应用较多的是 NEC 型编码方式,如图 6-17 所示。

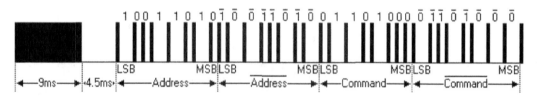

图 6-17　NEC 型编码方式

NEC 型编码方式首次发送的是 9 ms 的 38 kHz 脉冲信号,其后是 4.5 ms 的低电平,接下来是 8 bit 的地址码(从低有效位开始发),而后是 8 bit 的地址码的反码(主要是用于校验是否出错)再是 8 bit 的命令码(也是从低有效位开始发),然后也是 8 bit 的命令码的反码。地址码和命令码的逻辑 1 为 2.25 ms,其中 38 kHz 脉冲信号时间 560 μs,低电平时间 1.69 ms;逻辑 0 为 1.12 ms,其中 38 kHz 脉冲信号时间 560 μs,低电平时间也为 560 μs。即在红外信号调制过程中,其载波信号为 38 kHz 的方波,因此其逻辑 1 与逻辑 0 的最终调制结果如图 6-18 所示。

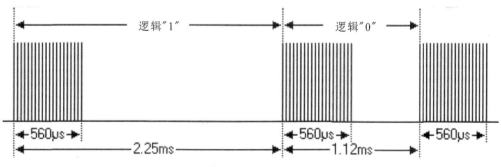

图 6-18　NEC 型编码方式的逻辑 1 和逻辑 0

由于在实际的通信领域,红外信号一般有较宽的频谱,而且都是在比较低的频率段分布大量的能量,因此不适合直接在信道中传输。为便于传输、提高抗干扰能力和有效利用带宽,通常需要将信号调制到适合信道和噪声特性的频率范围内进行传输,这叫做信号调制。调制就是用一个信号(称为调制信号)去控制另一个作为载体的信号(称为载波信号),让后者的某一个特征参数按照前者变化,如图 6-19 中用原始信号来控制 38 kHz 载波信号,让载波信号的幅度、频率随原始信号的变化而变化。其中原始信号就是要发送的红外信号的一位数据"0"或者"1",而所谓 38 kHz 载波信号就是频率为 38 kHz 的方波信号,调制后信号就是最终发射出去的波形。使用原始信号来控制 38 kHz 载波时,当信号是数据"1"的时候,38 kHz 载波毫无保留地全部发送出去;当信号是数据"0"的时候,不发送任何载波信号。因此,调制也可以理解为用载波信号来装载原始信号后再进行通信传输。

红外发射系统发送的是被调制后的原始信号,而非真正的原始信号,因此在红外接收系统中需要对被调制后的原始信号进行信号解调。信号解调即为信号调制的逆过程,即通信系统的接收端接收到信号,需要对信号进行解调,恢复出原始信号。

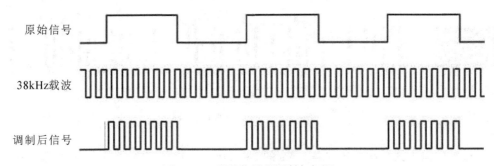

图 6-19   红外信号的调制与解调

在红外接收电路中,先由红外接收二极管或三极管等将红外发射电路发射的红外光转换为相应的电信号,然后再送后置放大器进行信号放大。同时,还需要对放大后的信号进行解调,获得红外发送系统最初想发送的原始信号。最后,对原始信号进行解码,并判断出在红外发射电路中哪个按键被按下。

由于在红外接收电路中,信号放大与解调电路相对复杂,为了提高红外遥控电路调试便利性,对于调制后的红外线遥控信号,通常采用一体化红外线接收头进行信号接收、放大与解调。一体化红外线接收头将红外光电二极管(即红外接收传感)、低噪声前置放大器、限幅器、带通滤波器、解调器,以及整形驱动电路等集成在一起,其体积小、灵敏度高、外接元件少(只需接电源退耦元件)、抗干扰能力强,使用十分方便。一体化红外线接收头的型号很多,如 SFH506-xx、TFMS5xxO、TK16xx、TSOPl2xx/48xx/62xx(其中"xx"代表其适用载频)、HSOO38 等,其响应波长为 940 nm,可以接收载波频率为 38 kHz 的红外线遥控信号,其输出可与微处理器直接接口,如图 6-20 所示。一体化红外接收头在通常情况下输出高电平,当接收到 38 kHz 的红外线遥控信号后,输出低电平。一体化红外接收头的型号较多,因此在使用过程中需要特别注意不同型号的一体化红外接收头的引脚排列次序不同。

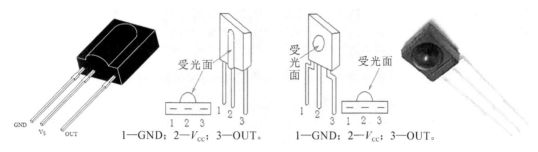

图 6-20　一体化红外接收头芯片及引脚排列

市售一体化红外接收头有两种:电平型和脉冲型。目前市场上绝大部分一体化红外接收头都是脉冲型,电平型较少。电平型是指接收连续的 38 kHz 信号后,芯片可以输出连续的低电平,时间可以无限长。其内部放大及脉冲整形是直接耦合的,所以能够接收及输出连续的信号。脉冲型是指只能接收间歇的 38 kHz 信号,如果接收连续的 38 kHz 信号,则几百毫秒后芯片会一直保持高电平,除非距离非常近(二三十厘米以内)。其内部放大及脉冲整形是电容耦合的,所以不能接收及输出连续的信号。一般遥控中都采用脉冲型一体化红外接收头,只有特殊场合,如串口调制输出,由于串口可能连续输出数据 0,所以要用电平型的。

一般遥控器用 455 kHz 晶振经 12 分频后输出 37917 Hz,简称 38 kHz;10 m 接收带宽为 38 ± 2 kHz;3 m 为 35~42 kHz。

6.3.2　如何使用红外遥控传感器

红外遥控传感器,即一体化红外接收头通常由红外接收二极管与放大电路、解调电路组成,它将红外接收管与放大电路、解调电路集成在一体,体积小(大小与一只中功率三极管相当)、密封性好、灵敏度高、价格低廉,市场售价只有几元,因此应用非常广泛。

一体化红外接收头仅有三条管脚,分别是电源正极、电源负极以及信号输出端,通常工作电压约 5 V。只要给一体化红外接收头接上电源即是一个完整的红外接收放大器,接收到的信号可以直接输入相应的单片机控制系统,使用十分方便,如图 6-21 所示。

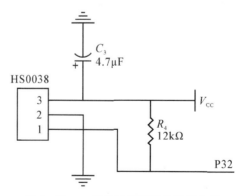

图 6-21　一体化红外接收头应用电路

此外,当一体化红外线接收头出现损坏时,替换也非常简单。原则上大多数接收头都可以互相代换，只需注意供电电压与管脚位置就行。判断一体化红外线接收头是否正常工作可以在接收头接上 5 V 电压，输出端接万用表，按遥控器任意键，对准接收器，万用表指针应在 3～4.5 V 之间任意一电压点摆动为好的。

图 6-22 是基于 BA5104 和 BA5204 的红外遥控电路。BA5104/5204 是一种新型 8 通道红外遥控发射/接收专用集成器件。其特点是用它构成的遥控电路外接元件少、工作可靠性高、成本低、无须调试，最适合专业厂家开发新产品和广大电子爱好者制作各种红外遥控电路。由于它采用大规模 CMOS 工艺制成，因此器件本身功耗低、电源电压范围宽（2.2 V 时仍能正常使用）、适用范围广。发射芯片 BA5104 可以发射 6 个持续信号和 2 个单次信号，这样它就具有 8 个独立通道的遥控编码能力。接收芯片 BA5204 可译出由 BA5104 发射出的编码信号，并使相应的输出端按预定的程序工作。

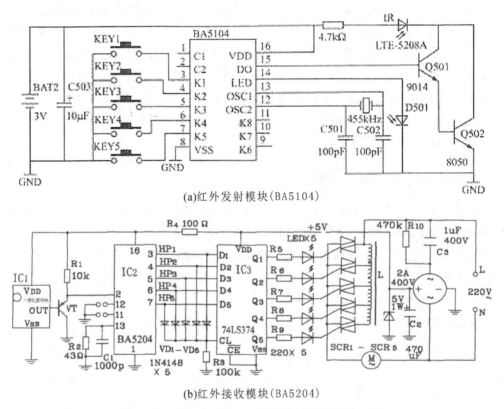

(a)红外发射模块(BA5104)

(b)红外接收模块(BA5204)

图 6-22　基于 BA5104 和 BA5204 的红外遥控电路

红外遥控发射电路如图 6-22(a)所示，图中应用了 6 个遥控按键输入，芯片 BA5104 内接上拉电阻。当按下 KEY1～KEY5 的任一遥控按键时，由 BA5104 的内部时钟电路和其 12、13 脚所接外部 455 kHz 晶振、C501、C502 组成的振荡电路起振工作，在芯片内部整形分频产生 38 kHz 载波频率。A5104 芯片将按键信号进行编码，有 15 脚串行输出，在经三极管 Q501、Q502 复合放大后驱动红外发射管送出调制后的红外线脉冲信号。A5104 芯片 14 脚为发射状态显示输出端，有高电平输出时，D501 点亮，反之不亮。此外，A5104 芯片的 1、2 脚为客户码选择端,必须和 A5204 芯片的 11、12 脚接法一致。

红外遥控接收电路如图 6-22(b)所示,其中 IC$_1$ 是一体化红外接收头,负责接收、放大和解调信号,把遥控器发出的红外信号还原成解码芯片 BA5204 能识别的脉冲码。BA5204 的 3～7 脚输出的信号经过 74LS374 触发器进行锁存,驱动相应的晶闸管,实现控制功能。

6.4　热释电传感器是如何测温的

6.4.1　什么是热释电传感器

红外线辐射是自然界中存在的一种最广泛的电磁波辐射,它是因为任何物体在常规环境下都会产生自身的分子无规则的运动,并不停地辐射出热红外能量。分子的运动越剧烈,辐射的能量越大;反之,辐射的能量越小。因此,凡是存在于自然界中的物体,只要温度高于绝对零度,就会因自身的分子运动而辐射出红外线,根据温度不同,所辐射出的红外线波长也不同。通过对物体自身辐射红外能量的测量,便能准确地测定它的表面温度,这就是红外辐射测温所依据的客观基础。人体的正常温度约为 36～37 ℃,人体辐射的红外信号波长基本为 9～10 μm,如图 6-23 所示。

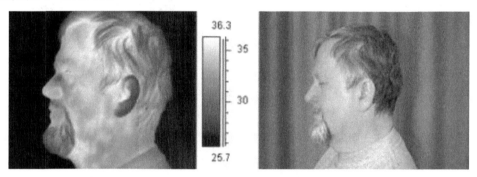

图 6-23　人体温度检测情况

热释电传感器是一种能检测人或动物发射的红外线而输出电信号的传感器,目前主要应用在自动开关门、自动水龙头、人体感应灯、入侵报警器、智能家居、玩具等民用领域。

热释电红外传感器属于热电型红外传感器,是基于热释电效应原理制成的。当一些晶体受热时,在晶体两端将会产生数量相等而符号相反的电荷,这种由于热变化产生的电极化现象被称为热释电效应。热释电效应产生的原因是凡是能自发极化的晶体,其表面均会出现面束缚电荷。而这些面束缚电荷平时被晶体内部的自由电子和空气中附着在晶体表面的自由电荷所中和,因此在常态下呈中性。如果交变的辐射通过光敏元照射在极化晶体上,则晶体的温度就会变化,晶体结构中的止负电荷重心相对移位,自发极化发生变化,晶体表面就会产生电荷耗尽,电荷耗尽的状况正比于极化程度,即晶片的自发极化强度以及由此引起的面束缚电荷的密度均以同样频率发生周期性变化。如果面束缚电荷变化较快,自由电荷来不及中和,在晶体两端将会产生数量相等而符号相反的电荷,如图 6-24 所示。

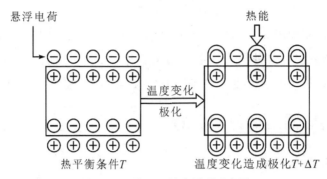

图 6-24　热释电效应原理示意图

热释电红外传感器由滤光片、热释电探测元和前置放大器组成,补偿型热释电传感器还带有温度补偿元件,如图 6-25 所示为热释电传感器的内部结构。为防止外部环境对传感器输出信号的干扰,上述元件被真空封装在一个金属壳内。

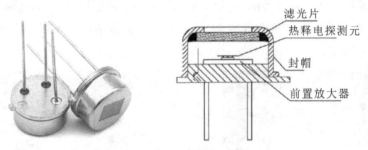

图 6-25　红外热释电传感器

热释电传感器的滤光片为带通滤光片,它封装在传感器壳体的顶端,使特定波长的红外辐射有选择性地通过并到达热释电探测元,而在其截止范围外的红外辐射则不能通过,这样便提高了传感器的抗干扰能力。如滤光片仅允许人体发出的 $9\sim10~\mu m$ 波长的红外线通过,而其他波长的红外线被滤除,则该热释电红外传感器可以检测人体发出的红外线信号,并将其转换成电信号输出。热释电探测元是热释电传感器的核心元件,它是在热释电晶体的两面镀上金属电极后,加电极化制成,相当于一个以热释电晶体为电介质的平板电容器。当它受到非恒定强度的红外光照射时,产生的温度变化导致其表面电极的电荷密度发生改变,从而产生热释电电流。前置放大器由一个高内阻的场效应管源极跟随器构成,通过阻抗变换,将热释电探测元微弱的电流信号转换为有用的电压信号输出。

热释电红外传感器通常采用 3 引脚金属封装,各引脚分别为电源供电端(内部场效应管 D 极)、信号输出端(内部场效应管 S 极)、接地端 G,如图 6-26 所示。

常用热释电红外传感器的主要工作参数为:

(1)工作电压:范围为 $3\sim15~V$;

(2)工作波长:通常为 $7.5\sim14~\mu m$;

(3)输出信号电压:通常大于 $2.0~V$;

(4)检测距离:常用热释电红外传感器检测距离约为 6~10 m;

(5)水平角度:约为 120°;

(6)工作温度范围:-10~40 ℃。

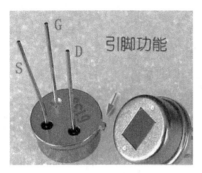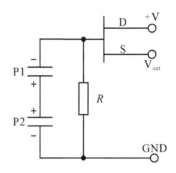

图 6-26　红外热释电传感器引脚及内部电路原理图

图 6-27 是由热释电红外传感器制成的红外检测模块,一般会在传感器外部再配上菲涅尔透镜。菲涅尔透镜有两个作用:一是聚焦作用,即将热释红外信号折射(反射)在热释电红外传感器上;二是利用透镜的特殊光学原理,在探测器前方产生一个交替变化的"盲区"和"高灵敏区",以提高它的探测接收灵敏度。当有人从透镜前走过时,人体发出的红外线不断交替地从"盲区"进入"高灵敏区",这样就使接收到的红外信号以忽强忽弱的脉冲形式输入,从而增强其灵敏度。因此,菲涅尔透镜在很多时候相当于红外线及可见光的凸透镜,能有效提高红外热释电传感器的探测灵敏度及增大探测距离。

此外,热释电传感器对人体的敏感程度还和人的运动方向关系很大。热释电传感器对于径向移动反应最不敏感,而对于横切方向(即与半径垂直的方向)移动则最为敏感。在现场选择合适的安装位置是避免红外探头误报、求得最佳检测灵敏度极为重要的一环。

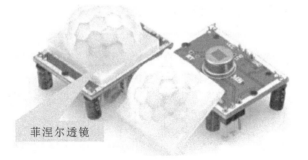

菲涅尔透镜

图 6-27　红外检测模块及菲涅尔透镜

6.4.2　如何使用热释电传感器

如图 6-28 所示是一个热释电感应照明电路,该电路通过热释电红外传感器感应行人,通过 BISS0001 芯片进行后续信号处理。当检测到信号时,导通三极管 VT 触发固态继电器 SSR,即可点亮照明灯 E。BIS0001 是一款具有较高性能的传感信号处理集成电路。它配以热释电红外传感器和少量外接元器件就可构成被动式的热释电红外开关、报警用人体热释电传感器等。它能自动快速开启各类白炽灯、荧光灯、蜂鸣器、自动门、电风扇、烘干机和自动洗手池等装置,特别适用于企业、宾馆、商场、库房及家庭的过道、走廊等敏感区域,或用于安全区域的自动灯光、照明和报警系统。

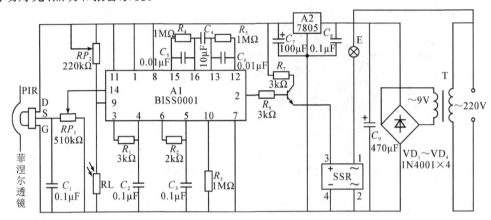

图 6-28　热释电感应照明电路

如图 6-29 所示是一个采用基本运放及三极管元件构成的热释电感应开关电路。该电路通过热释电红外传感器接收到人体信号后,经过三极管 Q_1、运放 IC_2 两级放大后通过电压比较器 IC_3 进行比较。电压比较器通过电位器 RP 改变参考电压,调节电路检测灵敏度。平时参考电压(IC_3 的正端输入)高于 IC_2 输出电压(IC_3 的负端输入),IC_3 输出低电平。当有人进入探测范围后,热释电红外传感器输出电压信号,经过三极管 Q_1、运放 IC_2 两级放大后使 IC_3 的负端输入电压低于参考电压,IC_3 输出高电平,导通三极管 Q_2,继而继电器 J_1 吸合,接通开关。电路中 Q_3、C_7、R_8、R_9、R_{10} 组成开机延时电路,因为开机时开机人的感应也会造成电路误触发。开机延时电路在开机瞬间,由于电容 C_7 的瞬间导通使得 Q_3 导通,因此 Q_2 的基极经过 Q_3 与地导通,Q_2 保持截止状态,防止开机误触发。而后,C_7 经过 R_8、R_9 及 R_{10} 放电,结束开机延时。

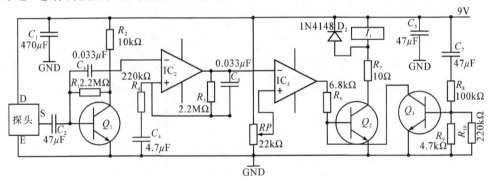

图 6-29　热释电感应开关电路

6.5　如何制作简易红外遥控器

本次任务为制作一个简易红外遥控器,具体功能要求如下:

(1)设计简易红外遥控器发射模块电路并制作;

(2)实现基本红外遥控功能,远程控制 LED 灯。

1.设计任务分析

制作简易红外遥控器选用的传感器是常用的红外发射二极管和一体化红外接收头 0038。需要注意的是,在该任务中,简易红外遥控器发射模块的电路需要自行设计。该电路可以分为三个部分:原始信号产生单元(考虑到接收电路中 SP567 的频率比较,建议采用 1 kHz 左右方波信号作为原始信号),38 kHz 红外载波信号产生单元(根据一体化红外接收头的特点,需采用38 kHz 的方波作为载波信号,该电路单元同时需要完成原始信号和 38 kHz 载波信号的混频,其输出信号可参考图 6 - 30),红外信号发射单元(通过红外发射二极管发射红外信号)。此外,该电路中还需要增加一个按键,只有当按键按下时才发射红外信号。简易红外遥控器接收模块如图 6 - 30(b)所示(需要注意的是,不同封装的一体化红外接收头的引脚排列各不相同);整个发射接收模块的器件清单见表 6 - 1。

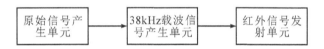

(a)简易红外遥控器发射模块

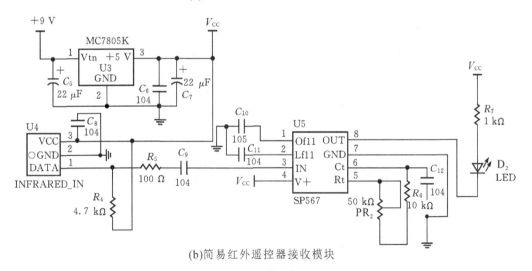

(b)简易红外遥控器接收模块

图 6 - 30   简易红外遥控器原理图

表 6 - 1   简易红外遥控器器件清单

序号	名称	型号	数量
1	焊接板	—	1
2	音调解码器	SP567	1

序号	名称	型号	数量
3	555 芯片	NE555	2
4	芯片插座	DIP8	3
5	一体红外接收头	HS0038	1
6	开关二极管	IN4148	2
7	红外发射二极管	—	1
8	稳压芯片	7805	1
9	电解电容	22 μF/25 V	2
10	电位器	50 kΩ	2
11	瓷片电容 (150%)	102	4
12		103	5
13		104	6
14		105	3
15	1/4W 电阻 (150%)	100	4
16		1 kΩ	4
17		4.7 kΩ	3
18		10 kΩ	5
19		20 kΩ	4
20	LED	—	1
21	按键	—	1

2. 调试步骤

(1) 用示波器观察原始信号产生单元的输出信号 X_1，了解该输出信号是否为 1 kHz 左右的方波信号。

(2) 断开原始信号产生单元和 38 kHz 载波信号产生单元之间的连接，用示波器观察 38 kHz 载波信号产生单元输出信号 X_2，了解该输出信号是否为方波信号，并调节可调电阻将该输出信号固定为 38 kHz。

(3) 恢复原始信号产生单元和 38 kHz 载波信号产生单元之间的连接，用示波器观察 38 kHz 载波信号产生单元输出信号 X_3，了解此时该单元输出信号是否变为原始信号和 38 kHz 载波信号的混频信号，即完成信号调制（参考图 6-19 中调制后的信号波形）。

(4)用示波器观察红外发光二极管 D_1 两端波形,当按键 S_1 后,红外发光二极管 D_1 导通后波形是否正常变化。

(5)测量 7805 芯片 3 脚输出电压是否为 +5 V。

(6)用示波器观察 SP567 芯片 5 脚波形,调节可调电阻 RP_2,使得该点的波形频率与原始信号产生单元的输出信号 X_1 频率一致。

(7)用示波器观察一体化红外接收头(U4)的 1 脚波形,当接通按键 S_1 后,该点应该出现与原始信号产生单元的输出信号 X_1 频率一致的波形,断开则恢复为高电平。

(8)按一下按键 S_1,发光二极管 D_2 闪烁一次,调试完毕。

3.根据原理回答下列问题

(1)请仔细分析图 6-30 简易红外遥控器原理图,回答以下几个问题。

①这两块 555 芯片在系统中各起什么作用?

②分别画出正常工作状态下 U1-3、U2-3 脚的信号波形图。

③该电路中 7805 芯片的作用是什么?

④一体化红外接收芯片的接收工作频率是多少?其 3 脚输出波形频率等于红外发射电路中哪一点的波形频率?

⑤上拉电阻 R_4 的作用是什么?

⑥电路中音频解码芯片 SP567 的作用是什么,其 8 脚电平如何变化?

(2)请叙述在项目制作过程中遇到的问题及最终解决办法。

项目6 小结

本项目主要学习了红外检测及其分类,还详细介绍红外接收二极管、红外接收三极管、一体化红外接收头、热释电传感器的检测原理及具体应用。学习的重点在于红外检测中不同传感器的测量原理及具体测量应用中如何根据工程实际情况进行传感器选择。需要特别注意的是,由于不同红外检测传感器具有不同特点,因此其测量电路也各有不同。

课后习题

一、判断题

1.红外线是电磁波中的一种。　　　　　　　　　　　　　　　　　　　　　（　　）

2.凡是存在于自然界的物体,只要温度高于零度,就会辐射出红外信号。　（　　）

3.由于红外二极管与红外三极管特性相似,因此在应用电路中可以直接互换。（　　）

4.红外传感器在使用时必须进行调制。　　　　　　　　　　　　　　　　　（　　）

5.热释电红外传感器是一种非接触型传感器。　　　　　　　　　　　　　　（　　）

6. 红外接收二极管在使用中需要外界反向电压。 （　　）

7. 本身不发出任何类型的辐射，是热释电红外传感器的一个优点。 （　　）

8. 热释电红外传感器对人体的敏感程度和人的运动方向无关。 （　　）

二、选择题

1. 下列被测物理量适合于使用红外线传感器进行测量的是（　　）。

　　A. 压力　　　　　　　　　　　　B. 力矩

　　C. 温度　　　　　　　　　　　　D. 厚度

2. 在红外技术中，一般将红外辐射分为三个区域，即近红外区、中红外区和（　　）。

　　A. 微波区　　　　　　　　　　　B. 微红外区

　　C. X 射线区　　　　　　　　　　D. 远红外区

3. 以下对红外线特性描述不正确的是（　　）。

　　A. 红外线与可见光一样是电磁波

　　B. 红外线属于不可见光，且波长比可见光短

　　C. 任何物体只要温度高于绝对零度，都会向外辐射红外线

　　D. 通过热释电型红外传感器不能区分人与哺乳动物

4. 对于红外晶体管描述错误的是（　　）。

　　A. 红外光敏三极管可以等效于一个红外光敏二极管和一个半导体三极管

　　B. 红外发射管与红外光敏管必须根据响应时间配对使用

　　C. 目前市场上的红外发射二极管多为 850 nm 和 940 nm

　　D. 红外光敏二极管线性度好，响应时间快

5. 红外遥控协议中如下图所示，黑色部分代表的是（　　）。

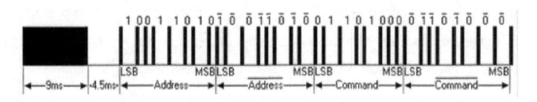

　　A. 高电平　　　　　　　　　　　B. 高阻态

　　C. 38 Hz 的方波信号　　　　　　D. 38 kHz 的方波信号

6. 在下图中，如果单片机在 OUT1 端口输出高电平，当红外传感器正对黑色轨道，则该电路中
　　IN1 端输出信号为（　　）。

　　A. 高电平　　　　B. 低电平　　　　C. 高阻态　　　　D. 以上都有可能

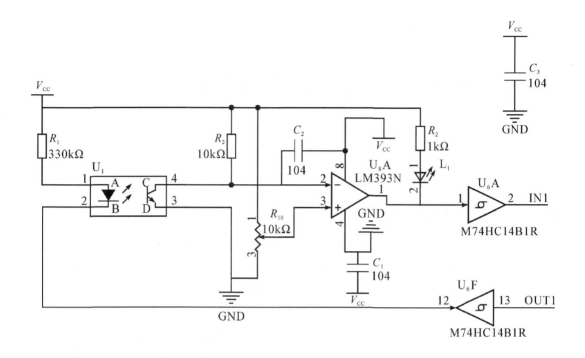

7. 以下关于红外遥控的描述错误的是(　　)。

　A. 红外遥控就是通过红外线来传输信息

　B. 红外遥控一般采用载波的方式来传输信息

　C. 一体红外接收头(0038)由红外晶体管与 AD 电路共同组成

　D. 红外遥控可以通过反射的方式实现

8. 在下列说法中,不正确的是(　　)。

　A. 目前国内防盗、保安报警器都是超声波、主动式红外发射/接收等技术为主

　B. 热释电红外传感器能以非接触形式检测出人体辐射的红外线,并将其转变为电信号;

　C. 热释电红外传感器主要由滤光片、热释电探测元和信号解调模块组成

　D. 热释电红外传感器可用于防盗报警、自动控制、接近开关、遥测等领域

9. 热释电红外传感器对于(　　)移动反应最为敏感。

　A. 横向　　　　　　B. 横切　　　　　　C. 纵向　　　　　　D. 径向

10. 热释电红外传感器的热电系数(　　)热电偶内部的热电。

　A. 远远低于　　　　　B. 低于　　　　　　C. 远远高于　　　　　D. 高于

项目 7 磁场是如何检测的

7.1 什么是磁场检测及其分类

7.1.1 什么是磁场检测

　　磁场是一种看不见、摸不着的特殊物质,是电流、运动电荷、磁体或变化电场周围空间存在的一种特殊形态的物质,它具有波粒的辐射特性。磁体周围存在磁场,磁体间的相互作用就是以磁场作为媒介的。由于磁体的磁性来源于电流,电流是电荷的运动,因而概括地说,磁场是由运动电荷或电场的变化而产生的。

　　为了能够更形象地研究磁场,1831 年,法拉第引入磁力线来描述磁场作用,如图 7-1 所示。磁力线是为了形象地研究磁场而人为假想的曲线,并非客观存在于磁场中的真实曲线。磁力线是闭合曲线,有无数条,且所有的磁力线都不交叉。在磁铁周围的磁力线都是从 N 极出来进入 S 极,在磁体内部磁力线从 S 极到 N 极。磁力线上任何一点的切线方向都跟这一点的磁场方向相同。磁场的磁感应强度大小与磁力线的密度成正比。

图 7-1 磁场与磁感线

　　磁场的检测具有不接触性,在日常生活生产中被广泛使用。生产生活中的磁场检测设备如图 7-2 所示。常用的磁场检测传感器有干簧管、霍尔元件、磁阻元件等。

(a)指南针

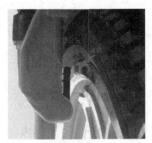
(b)计速器

(c)电子燃气表

图 7-2 生产生活中的磁场检测设备

7.1.2 如何分类磁场检测

　　在磁场检测过程中,根据不同的测量需求,可以将磁场检测分为开关型磁场检测和线性型磁场检测。开关型磁场检测主要用于检测是否存在一定强度的磁场,其输出为 1 或 0 的开关量。线性型磁场检测主要用于检测磁场的磁感应强度大小,还可以通过相应的计算得到位移、受力等其他一些物理量。开关型磁场检测传感器主要有干簧管、开关型霍尔传感器;线性型磁场检测传感器主要有线性型霍尔传感器、磁敏电阻等。磁场检测分类如图 7-3 所示。

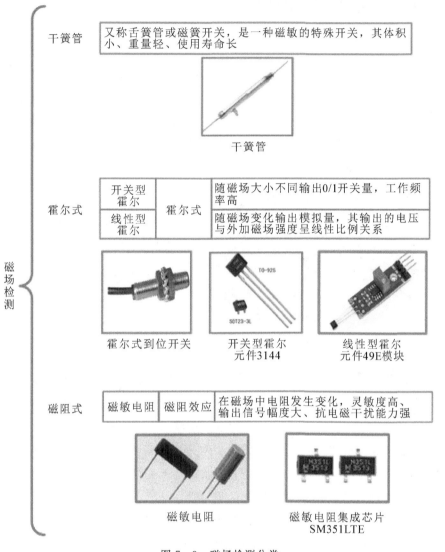

图 7-3　磁场检测分类

此外,关于磁场检测需要进一步说明的是磁感应强度与磁场强度并非同一个物理量。磁感应强度是指描述磁场强弱和方向的物理量,是矢量,常用符号 B 表示。磁感应强度越大,表示磁场越强;磁感应强度越小,表示磁场越弱。而磁场强度 H 则是在磁场研究历史过程中存在,目前已经不太用该物理量。磁场强度在历史上最先由磁荷观点引出,最初类比于电荷的库仑定律,人们认为在自然界存在正、负两种磁荷,并基于此提出磁荷的库仑定律,单位正电荷在磁场中所受的力被称为磁场强度 H,但是后来安培提出分子电流假说,认为实际上自然界并不存在磁荷,磁现象的本质是分子电流,因此磁场强度 H 是磁场研究历史过程中存在的一个物理量。不过在磁介质的磁化问题中,磁场强度 H 作为一个导出的辅助量仍然发挥着重要作用。

7.2 干簧管是如何检测磁场的

7.2.1 什么是干簧管

干簧管是一种特殊的磁敏开关,其功耗小、灵敏度高、响应快,广泛应用于电子电路与自动控制设备中。干簧管的基本结构就是将两片磁簧片密封在一个玻璃管内,两片磁簧片在位置上虽有重叠,但它们中间还间隔一个小空隙,因此并不能导通。只有存在外来磁场时,可以使得两片磁簧片接触,进而导通。一旦外来磁体被拉到远离开关,磁簧开关又将返回到其原来的位置,恢复不导通状态,如图 7-4 所示。

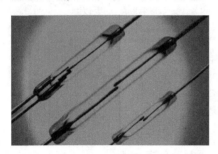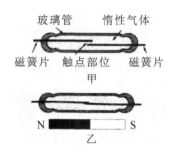

图 7-4 干簧管实物及示意图

干簧管的两片磁簧片触点上一般会镀有一层很硬的金属,通常是铑和钌,这层硬金属大大提升了切换次数的寿命。同时,在干簧管的玻璃管内通常注入氮气或一些惰性气体,部分磁簧开关为了提升切换电压的性能,更会把内部做成真空状态。

干簧管根据接点构造模式的不同,可以分为常开型与常闭型两类。常开型干簧管是指在施加外部磁场时接点才闭合,而在平常保持开离状态的干簧管;常闭型干簧管是指在施加外部磁场时接点才开离,而在平常保持闭合状态的干簧管。

干簧管根据动作复原方式的不同,可以分为非自行保持型和自行保持型两类。非自行保持型干簧管是指外部磁场撤除后立即恢复到初始状态的干簧管;而自行保持型干簧管是指一旦起作用以后,即使除掉外部磁场,仍可保持原来状态的干簧管。

干簧管根据形态大小可以分为大型、中型和小型三类。大型干簧管的玻璃管长约 30~60 mm,玻璃管径 3.5~6 mm;中型干簧管的玻璃管长约 20~30 mm,玻璃管径 2.5~3.5 mm;小型干簧管的玻璃管长约 5~20 mm,玻璃管径 1.5~2.5 mm。

此外,除了常见的两脚型干簧管外,还有三脚型干簧管,如图 7-5 所示。三脚型干簧管在结构上是一个公共脚在一端,其他两个脚在另一端。在没有磁场靠近时,公共脚只与两脚端中的某一个脚相通。在接近磁场后,刚才与公共脚相通的那个脚与公共端断开,而原先与公共脚不通的那个脚变为与公共脚相通。磁场离开后,则又恢复到没有磁场接近前的那种状态。

图 7-5   三脚型干簧管

7.2.2   如何使用干簧管

干簧管的结构简单,在使用过中不需要考虑正负方向,只要将其接入电路就可以通过磁场控制电路导通与断开,其基本电路如图 7-6 所示。

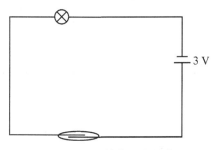

图 7-6   干簧管基本电路

需要注意的是,由于干簧管开关触点和簧片小而精致,因此不适合处理较大的电压或电流信号。干簧管有电压和电流额定值,如有大电流,则使用继电器控制更合适。此外,干簧管的磁簧开关比较脆弱,如要弯曲引出线,需要恰当选择引出线的弯曲点,如图 7-7 所示。

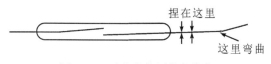

图 7-7   干簧管使用的弯曲点

图 7-8 是一个以干簧管为传感器的出租车内播放物品遗失语音报警电路,该电路由干簧管、NE555 芯片、语音集成芯片 5603、三极管等元器件组成。其中,NE555 芯片组成单稳态触发电路,干簧管作为电磁开关需要分别安装在出租车的 3 个门及门框上,接成并联方式。

当旅客打开任一车门时,固定在车门上的磁铁与门框上的干簧管分离,干簧管 CH 的触点接通,产生一个触发脉冲,使 NE555 芯片的②脚变为低电平,输出端③脚变为高电平,触发语音集成芯片 5603 的②脚,扬声器发出"请带上您的物品"等语音提示,提醒旅客注意自己的随身物品。放音时间的长短取决于 NE555 芯片的暂稳态时间,可通过调节 RP_1 或 C_1 的值来设定。当 NE555 芯片恢复稳态或 3 个车门均关上磁铁靠近干簧管时,语音电路 IC_2 截止,为下次启动做好准备。

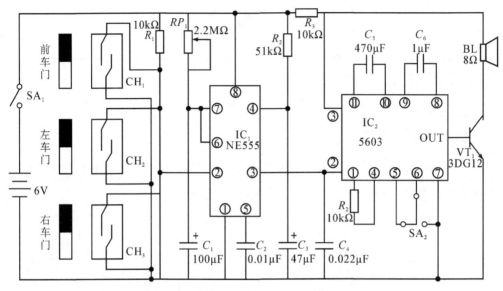

图 7-8　出租车放物品遗失语音报警电路

图 7-9 为预付费电子燃气表计量电路。通常情况下,会在燃气表机械滚轮最高精度位置装有磁铁,并且在滚轮的上下方装有两个干簧管。当磁铁没到达干簧管位置时,两个干簧管断开;当磁铁转到其中一个干簧管位置时,干簧管吸合。这样会输出两个电路波形 S0、S1,单片机对这两组波形进行判断,即可得出燃气表的工作状态。当 S0、S1 相继出现一个低脉冲时,判断为有效的脉冲计量,此时即可对预存的燃气购买量进行减操作;当 S0 输出的两个脉冲之间,S1 没有输出脉冲,可判断燃气表 S1 出现故障,应进行故障处理,如报警,关阀等操作,反之亦然。

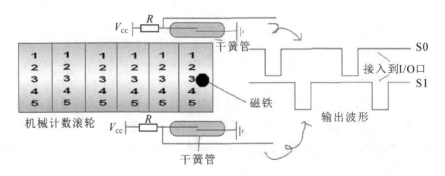

图 7-9　电子燃气表计量电路

7.3 霍尔传感器是如何检测磁场的

7.3.1 什么是霍尔传感器

霍尔传感器是一种基于霍尔效应的磁敏传感器,主要用于检测磁场及其变化。霍尔传感器体积小、重量轻、寿命长、安装方便、功耗小、频率高(可达 1 MHz)、耐震动,不怕灰尘、油污、水汽及盐雾等的污染或腐蚀,广泛应用于自动控制设备中,其外形如图 7-10 所示。

(a)霍尔元件   (b)霍尔到位开关

图 7-10 霍尔传感器

霍尔效应是指将某些金属或半导体薄片垂直置于磁感应强度为 B 的磁场中,当垂直磁场方向上有电流 I 流过时,在垂直于电流和磁场的方向上将产生电场 E_H 的物理现象,其相应的电势差称为霍尔电势 U_H ,如图 7-11 所示。

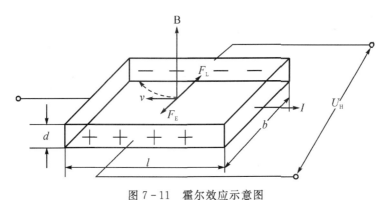

图 7-11 霍尔效应示意图

基于霍尔效应原理工作的金属或半导体器件称为霍尔元件。霍尔效应产生的霍尔电势 U_H 的大小主要由金属或半导体薄片的霍尔系数、通过薄片的电流以及垂直于薄片的磁感应强度来决定,即

$$U_H = \frac{R_H IB}{d} = K_H IB \tag{7.1}$$

式中, R_H 为金属或半导体薄片的霍尔系数; I 为通过金属或半导体薄片的电流; B 为垂直于 I 的磁感应强度; d 为金属或半导体薄片的厚度; K_H 为金属或半导体薄片的灵敏度系数。

如果磁场方向与通过霍尔元件的电流方向存在一定夹角 $\alpha(0 \leqslant \alpha < 90°)$，那么霍尔电势的值会减小，变化关系式为

$$U_H = K_H IB \cos\alpha \tag{7.2}$$

当控制电流（或磁场）方向改变时，霍尔电势的方向也将改变，但电流与磁场同时改变方向时，霍尔电势方向不变。当霍尔元件的材料和几何尺寸确定后，霍尔电势 U_H 的大小正比于控制电流 I 和磁感应强度 B，于是霍尔元件在 I 恒定时可用来测量磁场，B 恒定时可检测电流。当霍尔元件在一个线性变化磁场中移动时，输出霍尔电势反映了磁场变化，由此可测微小位移、压力及机械振动等。

由于金属材料内部自由电子的浓度很高，因此其霍尔系数 R_H 很小，输出的 U_H 极小。虽然半导体霍尔元件也存在转换效率低、受温度影响大的问题，但是其输出信号信噪比大、动态范围（输出电势的变化）大、频率范围宽，因此大部分霍尔元件都是由半导体材料制成的。当要求转换精度高时，必须进行温度补偿。由于霍尔元件越薄（即 d 越小），U_H 就越大，所以一般霍尔元件都较薄，尤其是薄膜霍尔元件，厚度只有约 $1~\mu m$。

1. 霍尔元件的结构分类

按照结构来分，霍尔元件可以分为体型和薄膜型两种，如图 7-12 所示。图 7-12(a)为体型霍尔元件，具有四个电极，其中 a、b 为输入端，c、d 为输出端。为了克服 a、b 电极的短路中和作用，可以将体型加工为图 7-12(b)为结构。依据前面理论可知，元件的厚度越小、灵敏系数越大，所以制备成薄膜型器件，如图 7-12(c)所示。

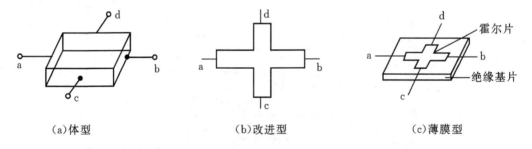

| (a)体型 | (b)改进型 | (c)薄膜型 |

图 7-12　霍尔元件结构示意图

霍尔元件的基本外形、结构和符号如图 7-13 所示，霍尔元件由霍尔片、四根引线和壳体组成。霍尔片是一块矩形半导体单晶薄片（一般为 $4 \times 2 \times 0.1~mm^3$），在其两端面上有两根引线（图 7-13(b)中 a、b 线）称为控制电流端引线，通常用红色导线；在薄片的另两侧端面的中间以点的形式对称地焊有两根霍尔输出引线（图 7-(b)中 c、d 线），通常用绿色导线。霍尔元件的壳体是用非导磁金属、陶瓷或环氧树脂封装。霍尔元件在电路中可用图 7-13(c)中的两种符号表示，其基本工作电路如图 7-13(d)所示。

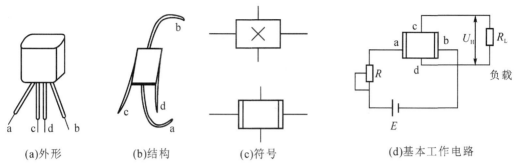

(a)外形　　　(b)结构　　　(c)符号　　　(d)基本工作电路

图 7-13　霍尔元件的外形、结构和符号

2.霍尔元件的电磁特性

1)霍尔输出电势与控制电流之间的关系(即 $U_H - I$ 特性)

若磁场恒定,在一定的环境温度下,控制电流 I 与霍尔输出电势 U_H 之间呈线性关系,如图 7-14 所示。直线的斜率称为控制电流灵敏度(用 K_1 表示),即 $K_1 = U_H / I = K_H B$,因此,霍尔元件的灵敏系数 K_H 越大,K_1 也越大。

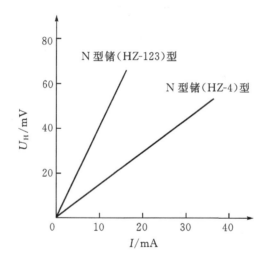

图 7-14　控制电流 I 与霍尔电势 U_H 关系曲线

2)霍尔输出电势与磁场之间的关系(即 $U_H - B$ 特性)

当控制电流恒定时,霍尔元件的开路霍尔输出电势随磁感应强度增加并不完全呈线性关系,如图 7-15 所示。只有当 $B < 0.5$ T 时,$U_H - B$ 才有较好的线性。因此霍尔元件不能在高频下工作,交变磁场频率应限制在几千赫兹以内。

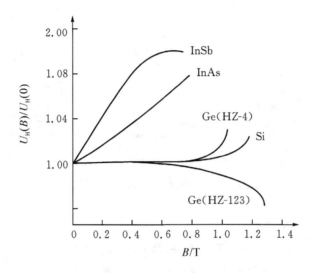

图 7 - 15　霍尔元件开路输出电势与磁感应强度关系曲线

　　3)元件的输入或输出电阻与磁场之间的关系(即 R-B 特性)

　　R-B 特性是指霍尔元件的输入(或输出)电阻与磁场之间的关系。实验得出,霍尔元件的内阻随磁场的绝对值增加而增加(如图 7 - 16 所示),这种现象称为磁阻效应。利用磁阻效应制成的磁阻元件也可用来测量各种机械量。但在霍尔式传感器中,霍尔元件的磁阻效应使霍尔输出降低,尤其在强磁场时,输出降低较多,需采取措施予以补偿。

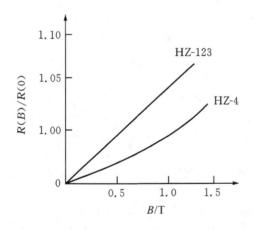

图 7 - 16　霍尔元件的内阻与磁场之间的关系

　　4)霍尔输出电势与直流控制电压之间的关系(即 U_H - U 特性)

　　U_H 与外加电压 U 成正比,但同时与霍尔元件的几何长宽比相关,在实际应用中一般选择长宽比为 2。

　　3.霍尔元件的主要技术参数

　　霍尔元件的技术参数主要有输入电阻 R_{in}、输出电阻 R_{out}、乘积灵敏度 K_H 和不等位电势 U_M 等。

(1)输入电阻 R_{in}:在规定的技术条件(如室温、零磁场)下,控制电流端(即图 7-13 的 a、b 端)之间的电阻称为 R_{in}。

(2)输出电阻 R_{out}:在规定的技术条件(如室温、零磁场)下,在无负载情况下,霍尔电压输出端(即图 7-13 的 c、d 端)之间的电阻称为 R_{out}。

(3)乘积灵敏度 K_H:在单位控制电流 I_c 和单位磁感应强度 B 的作用下,霍尔器件输出端开路时所测得的霍尔电压 U_H 也称为乘积灵敏度 K_H,其单位为 V/A·T。根据式(7.1),乘积灵敏度还可以由霍尔元件的霍尔系数及厚度求得,即 $K_H = R_H/d$。

(4)不等位电势 U_M:当输入额定控制电流 I_{cm} 时,即使不加外磁场($B=0$),由于在生产中材料厚度不均匀或输出电极焊接不良等情况存在,会造成两个输出电压的电极不在同一等位面上,因此在输出电压电极之间仍有一定的电位差,这种电位差就称为不等位电势 U_M,其测量电路如图 7-17 所示。由图可以看出,U_M 电势有方向性,随控制电流的方向改变而改变,但数值不变。不等位电势的存在会影响霍尔电势的测量。

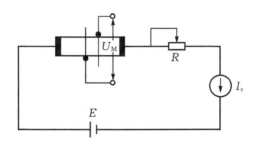

图 7-17 不等位电势测量电路

(5)霍尔电压温度系数 β:在一定的磁感应强度 B 和控制电流 I_c 的作用下,温度每变化 1 ℃时霍尔电压 U_H 的相对变化率称为霍尔电压温度系数,并用 β 表示,其单位是%/℃。

4. 霍尔元件的误差及补偿

由于制造工艺问题及实际使用时存在的各种影响霍尔元件性能的因素,如不等位电势、寄生直流电势、感应零电势、自激磁场零电势以及环境温度变化等,都会影响霍尔元件的转换精度或带来误差。其中霍尔元件的不等位电势、寄生直流电势、感应零电势、自激磁场零电势称为霍尔元件的零位误差。

1)不等位电势 U_M 及补偿

不等位电势是霍尔元件零位误差中最主要的一种。U_M 的产生是由于工艺没有将两个霍尔电极对称地焊在霍尔片的两侧,致使两电极点不能完全位于同一等位面上。此外,霍尔片的电阻率不均匀和厚薄不均匀,控制电流电极接触不良都将使等位面歪斜,致使霍尔电极不在同一等位面上而产生不等位电势。

除了工艺上采取措施,尽量使霍尔电极对称来降低 U_M 外,还需采用补偿电路加以补偿。霍尔元件可等效为一个四臂电桥,如图 7-18(a)所示,因此可在某一桥臂上并联一定的电阻而将 U_M 降到最小,甚至为零。图 7-18(b)中给出了几种常用的不等位电势的补偿电路,其中不对称补偿简单,而对称补偿温度稳定性好。

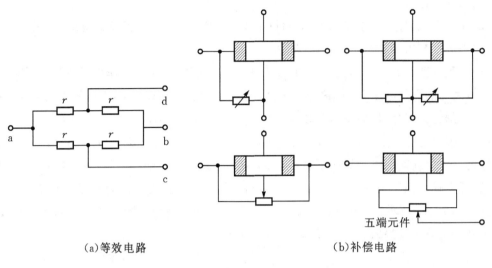

(a)等效电路　　　　　　　　　　　(b)补偿电路

图 7-18　霍尔元件的等效电路和几种不等位电势的补偿电路

2)寄生直流电势及补偿

当霍尔元件控制电极只通以交流控制电流而不加外磁场时,霍尔输出除了交流不等位电势外,还有一直流电势分量,称为寄生直流电势。该电势是因为元件的两对电极与半导体片不是完全欧姆接触而形成整流效应,以及两个霍尔电极的焊点大小不等、热容量不同引起温差所产生的,它随时间而变化,导致输出漂移。因此在元件制作和安装时,应尽量使电极欧姆接触,并做到均匀散热,有良好的散热条件。

3)感应零电势及补偿

霍尔元件在交流或脉动磁场中工作时,即使不加控制电流,输出端也会有输出,这个输出即为感应零电势。根据电磁感应定律,感应零电势的大小和霍尔元件两输出电极引线构成的感应面积成正比。感应零电势可以通过调整霍尔电极的引线布置进行补偿,如图 7-19 所示。

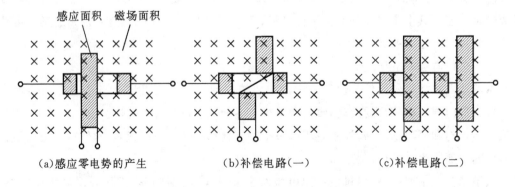

(a)感应零电势的产生　　　　　(b)补偿电路(一)　　　　　(c)补偿电路(二)

图 7-19　感应零电势的产生及其补偿

4）自激场零电势及补偿

在无外加磁场的情况下，当霍尔元件仅通以控制电流时，此电流也会产生磁场，该磁场称为自激场。此时，元件的左右两半磁感应强度就不再相等，因而产生自激场零电势输出。自激场零电势也必须通过控制电流引线的合理安排去除。

5）霍尔元件的温度误差及补偿

由于半导体材料的电阻率、迁移率和载流子浓度都随温度变化而变化，因此用该材料制成的霍尔元件的性能参数必然随温度变化而变化，致使霍尔电势变化，产生温度误差。为了减小温度误差，除选用温度系数较小的材料（如砷化铟）外，还可以采用适当的补偿电路，主要有温度补偿元件补偿法、输入回路并联电阻补偿法等。

温度补偿元件补偿法是最常用的温度误差补偿方法，常用的补偿元件有具有负温度系数的热敏电阻 R_t，具有正温度系数的电阻丝 R_T 等。图 7-20 给出几种不同连接方式的例子，使用时要求热敏元件尽量靠近霍尔元件，使它们具有相同的温度变化。

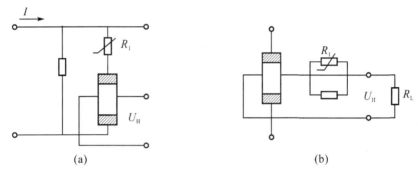

图 7-20　几种不同的温度补偿元件补偿法

霍尔元件因通入控制电流 I 而温升，会影响元件内阻和霍尔输出。因此安装元件时要尽量做到散热情况良好，应尽量选用面积大些的元件。

为了减小霍尔元件的输入电阻随温度的变化而变化给控制电流带来误差，最好采用恒流源来控制电流。由于元件的灵敏度系数 K_H 是温度的函数，输入电阻 R_i 也是温度的函数，对于具有正温度系数的霍尔元件，欲进一步提高 U_H 的温度稳定性，可在其输入回路中并联电阻 R_p，如图 7-21 所示。

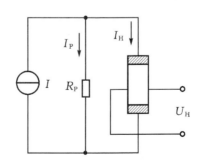

图 7-21　恒流源及输入回路并联电阻补偿法

假设

$$K_{Ht} = K_{H0}(1 + \alpha t) \tag{7.3}$$

$$R_{it} = R_{i0}(1 + \beta t) \tag{7.4}$$

式中，K_{H0} 为温度为 0 ℃时的灵敏度系数；R_{i0} 为温度为 0 ℃时的输入电阻；α 为霍尔元件的灵敏温度系数；β 为霍尔元件的输入电阻温度系数。

要使霍尔电势不随温度变化，必须保证温度为 t 和 0 ℃时的霍尔电势相等，即

$$K_{H0} I_{H0} B = K_{Ht} I_{Ht} B \tag{7.5}$$

同时，由于在不同温度下霍尔元件两端输入电压和并联电阻 R_p 两端电压都相等，且电流和都为恒流源电路 I，即

$$I_{H0} R_{i0} = I_{p0} R_p \tag{7.6}$$

$$I_{Ht} R_{it} = I_{pt} R_p \tag{7.7}$$

$$I = I_{H0} + I_{p0} = I_{Ht} + I_{pt} \tag{7.8}$$

则根据式(7.3)到(7.7)可以求得

$$R_p = \frac{(\beta - \alpha) R_{i0}}{\alpha} \tag{7.9}$$

式中，R_p 也随温度变化，但因其温度系数远比 β 小，故可忽略不计。

7.3.2　如何使用霍尔传感器

霍尔集成电路是将霍尔元件和放大电路等集成制造在一个半导体芯片上，从外形结构看与分立型霍尔元件完全不同，它的引出线形式由电路功能决定。根据电路和霍尔器件工作条件的不同，霍尔集成电路分为开关型和线性型两种类型。

开关型霍尔集成传感器外形和典型接口电路如图 7-22 所示。开关型霍尔集成传感器通常有 3 个引脚，分别为输入电压、地与输出信号，其中输出信号一般需要接上拉电阻。

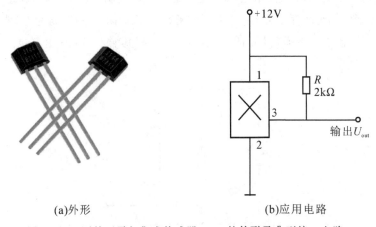

(a)外形　　　　　　(b)应用电路

图 7-22　开关型霍尔集成传感器 3144 的外形及典型接口电路

开关型霍尔集成传感器的工作特性曲线如图 7-23 所示。从工作特性曲线上可以看出，当外加磁感应强度高于 B_{OP} 时，输出电平由高变低，传感器处于开状态。当外加磁感应强度低于 B_{RP} 时，输出电平由低变高，传感器处于关状态。工作特性有一定的磁滞 B_H，这对开关动作的可靠性非常有利。其中 B_{OP} 为工作点"开"的磁感应强度，B_{RP} 为释放点"关"的磁感应强度。此工作特性曲线反映了外加磁场与传感器输出电平之间的关系。

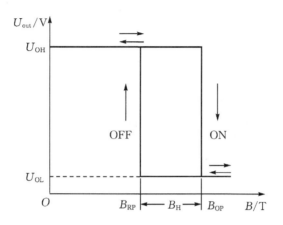

图 7-23 霍尔开关集成传感器的工作特性曲线

由于霍尔开关集成传感器的输出是晶体管，且是集电极开路(oc 门)输出的电路结构，很容易与晶体管、晶闸管和逻辑电路相耦合，一般的负载接口电路如图 7-24 所示。因此，霍尔开关集成传感器用途非常广泛，如用于转速和里程的测定，点火系统，机械设备的限位开关、按钮开关，电流的测定与控制，位置及角度的检测等。

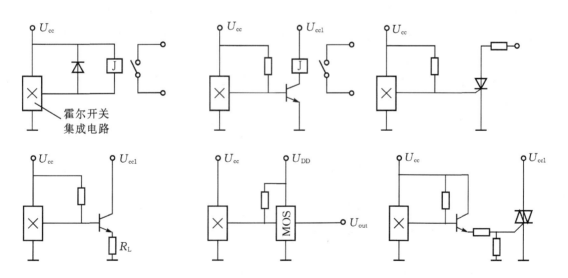

图 7-24 常用霍尔开关集成传感器的负载接口电路

图 7-25 是采用霍尔开关传感器进行钢球计数装置的工作示意图和电路图。当钢球运动到磁场时被磁化，再运动到霍尔开关集成传感器时，霍尔传感器可输出相应电压值，该电压经放大器放大后，驱动晶体管工作输出低电平；钢球走过后传感器无信号，截止输出高电平，即每过一个钢球会产生一个负脉冲，计数器便计一个数。该测量电路也可以应用于自行车测速等场合，将钢球替换为磁铁安装于自行车车轮上，同时将霍尔开关传感器安装于自行车挡泥板，即可计算在一定时间内自行车车轮转过的圈数，从而可以获得自行车的行驶速度。

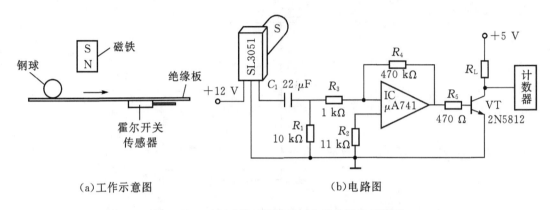

（a）工作示意图　　　　　　　　　　　（b）电路图

图 7-25　对钢球进行计数的工作示意图和电路图

图 7-26 是霍尔型汽车点火装置的结构示意图。传统的汽车点火装置是利用机械装置使触点闭合或打开，在点火线圈断开的瞬间感应出高电压供火花塞点火。但是，这种方法容易使开关触点产生磨损、氧化，使发动机性能变坏。霍尔型汽车点火装置在轮毂圆周上按磁性交替排列并等分嵌有永久磁铁，它和霍尔传感器保持适当的间隙。当磁轮毂转动时，磁铁的 N 极和 S 极便交替地在霍尔传感器的表面通过，霍尔传感器的输出端便输出一串脉冲信号，通过积分这些脉冲信号来触发功率开关管，使它导通或截止，在点火线圈中便产生 15 kV 的感应高电压，以点燃汽缸中的燃油，随之发动机转动。采用霍尔传感器制成的汽车点火器和传统的汽车点火器相比具有很多优点，如由于无触点，因此无需维护，使用寿命长；由于点火能量大，气缸中气体燃烧充分，排气对大气的污染明显减少；出于点火时间准确，可提高发动机的性能。

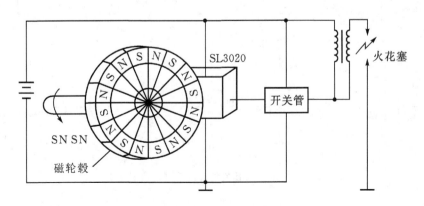

图 7-26　霍尔汽车点火器的结构示意图

线性型霍尔集成传感器是输出电压与外加磁场强度呈线性比例关系的磁电传感器,一般由霍尔元件、放大器和射极跟随器组成。在实际电路设计中,为了提高传感器的性能,往往在电路中设置稳压、电流放大输出级、失调调整和线性度调整等电路。开关型霍尔集成传感器的输出只有低电平或高电平两种状态,而线性型霍尔集成传感器的输出却是由于当外加磁场时霍尔元件产生与磁场呈线性比例变化的霍尔电压,经放大器放大后输出,对外加磁场呈线性感应。因此,霍尔线性传感器能够更广泛地用于位置、力、重量、厚度、速度、磁场、电流等的测量或控制。

线性型霍尔集成传感器有单端输出和双端输出两种,如图 7 - 27 和图 7 - 28 所示。单端输出型传感器是一个三端器件,它的输出电压对外加磁场的微小变化能做出线性响应。通常将输出电压用电容交连到外接放大器,将输出电压放大到较高的水平。双输出型传感器是一个 8 脚双列直插封装器件,双输出型传感器的两个输出端可以输出正负差分信号,还可提供输出调零。

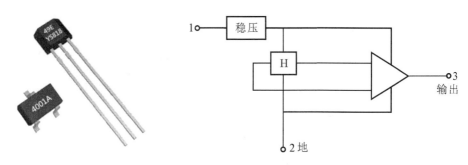

图 7 - 27　单端型线性霍尔集成传感器

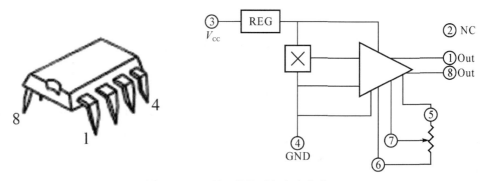

图 7 - 28　双端型线性霍尔集成传感器

线性型霍尔集成传感器的输出特性如图 7 - 29 和图 7 - 30 所示。从图中可以看出,输出电压随磁场强度的增加而增加,在一定的范围内为线性关系,其非线性可能与引线和霍尔元件的接触等工艺,以及放大电路的线性程度等有关。因此,线性型集成传感器具有一个线性测量的范围,实际应用中应予以考虑或加上线性化处理后再用于检测。

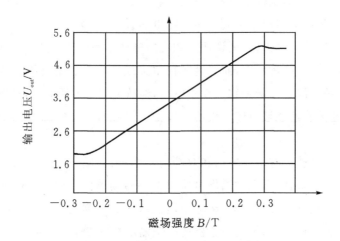

图 7-29　单端型线性霍尔输出特性

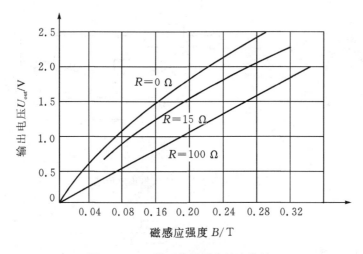

图 7-30　双端型线性霍尔输出特性

如图 7-31 所示为通过线性霍尔传感器检测位移等物理量的例子。在磁场强度相同而极性相反的两个磁铁气隙中放置一个霍尔元件。当元件的控制电流 I 恒定不变时,霍尔电势 U_H 与磁感应强度 B 成正比。若磁场在一定范围内沿 x 方向的变化梯度 dB/dx 为一常数,则当霍尔元件沿 x 方向移动时,U_H 的变化为

$$\frac{dU_H}{dx} = R_H \cdot I \cdot \frac{dB}{dx} = K \tag{7.10}$$

式中,K 为位移传感器输出灵敏度。

对式(7.10)积分后得

$$U_H = Kx \tag{7.11}$$

上式说明霍尔电势 U_H 与位移量呈线性关系,其极性反映了元件位移的方向。磁场梯度越大,灵敏度越高;磁场梯度越均匀,输出线性度越好。当 $x=0$ 时,即元件位于磁场中间位置

上时，$U_H = 0$，这是由于元件在此位置受到大小相等、方向相反的磁通作用的结果。这种传感器一般可用来测量 $1\sim 2$ mm 的小位移，其特点是惯性小、响应速度快、无接触测量。利用这一原理还可以测量其他非电量，如力、压力、压差、液位、加速度等。

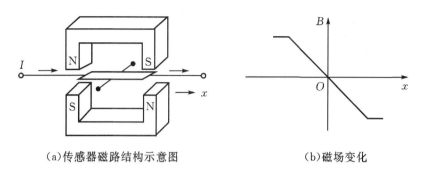

(a)传感器磁路结构示意图　　　　　　　(b)磁场变化

图 7 - 31　通过线性霍尔传感器检测位移

霍尔效应还可以应用于转速的测量。将永磁体按适当的方式固定在被测轴上，将霍尔元件置于磁铁的气隙中，当轴转动时霍尔元件输出地电压则包含有转速的信息，将霍尔元件输出电压经后续电路处理，便可得到转速的数据。图 7 - 32 和图 7 - 33 分别是线性霍尔和开关霍尔测量转速的示意图。

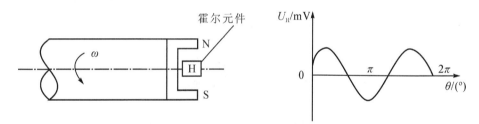

图 7 - 32　线性霍尔测量转速的示意图

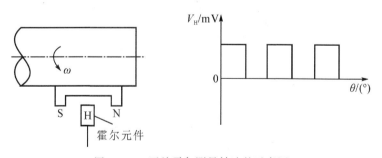

图 7 - 33　开关霍尔测量转速的示意图

通过霍尔元件还可以制成霍尔式接近开关，用于实现距离检测，如图 7 - 34 所示。当磁性物体移近霍尔开关时，开关检测面上的霍尔元件因产生霍尔效应而使开关内部电路状态发生变化，由此识别附近有磁性物体存在，进而控制开关的通或断。霍尔式接近开关的检测对象必须是磁性物体。

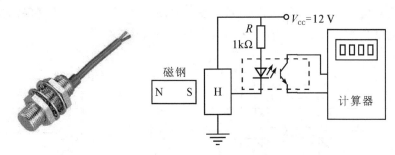

图 7 - 34　霍尔接近开关及其典型电路

7.3.3　如何使用磁敏电阻

磁敏电阻是利用磁阻效应制成的电阻,如图 7 - 35 所示,其阻值会随穿过它的磁通量密度的变化而变化。当半导体片受到与电流方向垂直的磁场作用时,不但产生霍尔效应,还出现电流密度下降和电阻率增大的现象,即半导体的电阻率随穿过它的磁通量密度增强而增强。这种外加磁场使电阻变化的现象称为磁阻效应。半导体材料的磁阻效应包括物理磁阻效应和几何磁阻效应,其中物理磁阻效应又称为磁电阻率效应。磁敏电阻具有磁检测灵敏度高、输出信号幅值大、抗电磁干扰能力强、分辨力高等优点,一般用于磁场强度、漏磁、制磁的检测,还可用于接近开关、磁卡文字识别、磁电编码器、电动机测速等方面或制作磁敏传感器。

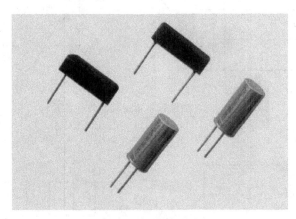

图 7 - 35　磁敏电阻

通常半导体磁敏电阻是由基片、半导体电阻条(内含短路条)和引线三个主要部分组成的。基片又叫衬底,一般是用 0.1~0.5 mm 厚的云母、玻璃做成的薄片,也有使用陶瓷或经氧化处理过的硅片作基片的。电阻条一般是用锑化铟(InSb)或砷化铟(InAs)等半导体材料制成的半导体磁敏电阻条,在制造过程中,为了提高磁敏电阻的阻值,缩小其体积、提高灵敏度,常把它做成如图 7 - 36 所示的结构。

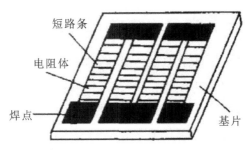

图 7-36 半导体磁敏电阻构造

实际使用的磁敏电阻器多采用片形膜式封装结构,而且有两端、三端(内部有两只串联的磁敏电阻)之分,如图 7-37 所示。

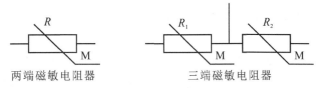

两端磁敏电阻器   三端磁敏电阻器

图 7-37 磁敏电阻的符号表示

磁敏电阻有三个重要的参数,分别是磁阻比、磁阻系数和磁阻灵敏度。

(1)磁阻比:指在某一规定的磁感应强度下,磁敏电阻器的阻值与零磁感应强度下的阻值之比。

(2)磁阻系数:指在某一规定的磁感应强度下,磁敏电阻器的阻值与其标称阻值之比。

(3)磁阻灵敏度:指在某一规定的磁感应强度下,磁敏电阻器的电阻值随磁感应强度的相对变化率。

图 7-38 为磁敏电阻应用电路。电路中,R_1 和 R_2 是磁敏电阻,A_1 为电压比较器。电路中,R_3 和 R_4 构成分压电路,其输出电压通过电阻 R_6 加到 A_1 的 2 脚,作为基准电压。当磁场发生改变时,磁敏电阻 R_1 和 R_2 分压电路输出电压大小发生变化,这一变化的电压通过电阻 R_5 加到 A_1 的 1 脚,这样 A_1 的输出端 3 脚电压大小也随之做相应的改变,这一变化信号经 C_1 耦合后得到输出信号 U_0。

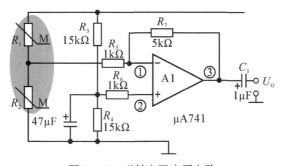

图 7-38 磁敏电阻应用电路

7.4　如何制作运动计数器

本次任务为制作一个运动计数器,具体功能要求如下:

(1)完成运动计数器电路设计并制作。

(2)运动物体每靠近计数器一次,数码管显示加1(0~9循环)。

(3)通过按键可实现数码管显示复位为0。

1.设计任务分析

制作运动计数器选用的传感器是开关型霍尔元件3144,将磁铁安装在被检测物体上,即可通过霍尔元件3144检测出被测物体的靠近与远离。运动物体每靠近计数器一次,即可通过霍尔元件3144产生一次脉冲信号,启动十进制可逆计数器74LS168进行计数,然后通过数码管译码器74LS48将计数结果转换为数码管编码值,最后通过数码管显示。此外,还需要通过十进制可逆计数器74LS168对计数数据进行复位。运动计数器原理图如图7-39所示,器件清单见表7-1。在本任务中,运动计数器的原理图并未完全给出,需要根据图中的器件及对运动计数器的理解、分析及计算,从运动计数器器件清单表(表7-1)中选择合适器件完成电路设计。

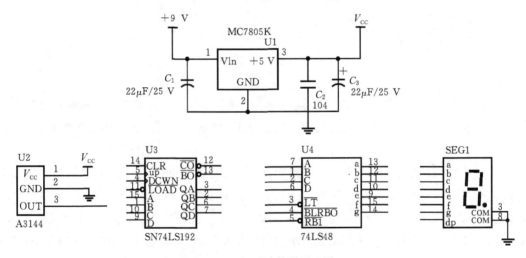

图7-39　运动计数器原理图

表7-1　运动计数器器件清单表

序号	名称	型号	数量
1	焊接板	—	1
2	数码管	共阴	1
3	数码管译码器	74LS48	1
4	十进制可逆计数器	74LS192	1
5	芯片插座	DIP16	2
6	瓷片电容	104	3

续表

序号	名称	型号	数量
7	电解电容	22 μF/25 V	2
8		330 Ω	8
9	1/4W 电阻	4.7 kΩ	2
10		10 kΩ	2
11	稳压芯片	7805	1
12	霍尔芯片	A3144	1
13	按键	—	1

注意:74LS48、74LS192 电源脚(16 脚)与地线脚(8 脚)原理图被隐藏,需要另外连接。

2.调试步骤

(1)测量 7805 芯片 3 脚输出电压是否正确。

(2)测量 A3144 芯片 3 脚电压,当磁铁靠近与远离霍尔芯片时,该引脚的电压是否发生变化。

(3)当磁铁靠近并远离霍尔芯片 A3144 时,数码管显示数据是否自动加 1。

(4)按下按键 S1,数码管显示 0,调试完毕。

3.根据项目原理回答下列问题

(1)请仔细分析图 7-39 运动计数器原理图,回答以下几个问题。

①简叙霍尔效应基本概念?

②画出霍尔元件 A3144 内部框图,指出磁铁靠近时,3 脚输出电平。

③简述计数器芯片 74LS192 的各个引脚功能。

④数码管显示数字 0 至 9,则引脚 a~g 的电平分别是什么?

⑤若计数器数据根据磁场信号变化自动减 1,且按键复位为 9,需要如何调整电路?

(2)请叙述在项目制作过程中遇到的问题及最终解决办法。

项目 7 小结

本项目主要学习了磁场检测及其分类,同时还详细介绍干簧管、霍尔元件、磁敏电阻的检测原理及具体应用。学习的重点在于磁场检测中不同传感器的测量原理及具体测量应用中如何根据工程实际情况进行传感器选择,特别是霍尔元件在使用过程中的误差补偿。还需要特别注意的是,由于不同磁场检测传感器具有不同特点,因此其测量电路也各有不同。

➡ 课后习题

一、判断题

1. 变化的电场能够产生磁场,变化的磁场能够产生电场。 （ ）

2. 干簧管根据引脚数量不同可以划分为两脚型、三脚型、四脚型。 （ ）

3. 干簧管是利用磁场信号来控制的一种开关元件。 （ ）

4. 霍尔电动势的大小正比于激励电流,反比于磁感应强度 B。 （ ）

5. 当激励电流或磁感应强度的方向改变时,霍尔电动势的方向也随着改变。 （ ）

6. 霍尔开关在压电效应原理的基础上,利用集成封装和组装工艺制作而成。 （ ）

7. 霍尔元件对温度的变化不敏感。 （ ）

8. 霍尔元件有线性型和开关型两种类型。 （ ）

二、选择题

1. 以下对于磁场的描述错误的是（ ）。

   A. 磁场是一种看不见,而又摸不着的特殊物质

   B. 变化的电场产生变化磁场,变化的磁场产生变化电场

   C. 磁敏传感器是一种能够将磁物理量转换为电信号的器件或装置

   D. 磁场是在一定空间区域内连续分布的标量场

2. 以下对于干簧管的描述不正确的是（ ）。

   A. 干簧管是一种磁敏的特殊开关

   B. 干簧管功耗小、灵敏度高、响应快,广泛应用于电子电路与自动控制设备中

   C. 干簧管只有两个引脚

   D. 干簧管只能输出检测开关量

3. 对于干簧管的使用,描述错误的是（ ）。

   A. 干簧管有电压和电流额定值

   B. 磁簧开关比较脆弱的,需要弯曲引出线,需要恰当选择引出线的弯曲点

   C. 两脚型干簧管有正负方向

   D. 干簧管只能输出开关信号

4. 当检测磁性物质,如永久磁铁、磁钢等的位置时最好选用的位置检测传感器是（ ）。

   A. 光电型接近开关 B. 电感式接近开关

   C. 电容式接近开关 D. 霍尔式接近开关

5. 半导体薄片置于磁感应强度为 B 的磁场中,磁场方向垂直于薄片,当有电流 I 流过薄片时,
   在垂直于电流和磁场方向上将产生电动势,这种现象称为（ ）。

   A. 张力效应 B. 霍尔效应 C. 温室效应 D. 赫兹效应

6. 灵敏度与霍尔常数 R 成（ ）比,与霍尔片厚度 d 成（ ）比。

   A. 反,正 B. 正,反 C. 正,正 D. 反,反

7.关于霍尔电势下列说法正确的是(　　)。

　A.霍尔电势正比于激励电流及磁感应强度

　B.霍尔电势的灵敏度与霍尔常数成正比

　C.霍尔电势与霍尔元件的厚度 d 成反比

　D.以上说法都对

8.以下对于霍尔传感器描述错误是的(　　)。

　A.霍尔传感器可用用来测量车速

　B.霍尔传感器是基于热电效应的一种磁敏传感器

　C.霍尔传感器有开关型与线性型两类

　D.霍尔传感器体积小、功耗低、安装便利

9.作用在半导体薄片上的磁场强度 B 越强,霍尔电动势就(　　)。

　A.越高　　　　　　B.越低　　　　　　C.不变　　　　　　D.不确定

10.下列对霍尔开关的特点说法错误的是(　　)。

　A.使用寿命较长　　　　　　　B.温度变化无影响

　C.功耗低　　　　　　　　　　D.能适应恶劣环境

项目 8　气体是如何检测的

8.1　什么是气体检测及其分类

8.1.1　什么是气体检测

　　气体是指无形状有体积的可压缩和膨胀的流体,气体是物质的一个态,气体与液体一样是流体,可以流动、可变形。人类生活在一个气体环境中,人们使用气体,依赖气体。自然界中存在各式各样的气体,有些是人体必不可少的,如氧气;有些易燃易爆,如氢气、煤气等;有些气体对人体有害,如一氧化碳、氨气等。因此需要对各种气体在环境中存在的状况进行检测,如图8-1所示。

　　气体检测就是感知环境中是否存在某种气体,如存在,检测出其浓度。为了工业生产顺利进行和保证人身安全,必须对危害健康、能引起窒息、中毒或引发爆炸的气体进行检测。对这类气体主要检测其是否有害,是否达到了危害的程度,要能够及时报警,以便防范。基于这个目的,出现了一些使用简单、性价比高的半导体气敏元件,在环境保护和安全检测等方面都起到了重要作用。

(a)酒精检测　　　　　　　　　(b)装修后的甲醛检测

图 8-1　生产生活中的气体检测

8.1.2　如何分类气体检测

　　人类的日常生产生活与周围气体环境紧密相关。气体的变化对人类有极大影响,例如,气体中缺氧或气体中的有毒气体过多会使人感到窒息甚至昏迷致死;可燃性气体的泄漏会引起爆炸和火灾,使人们的生命和财产遭受巨大的损失。随着工业的不断发展,人们在生产中使用的气体原料和产生的气体种类和数量不断增加,特别是石油、化工、煤矿及汽车等工业的飞速发展,使大气不断受到污染。这些生产生活中都要求使用大量的气体传感器来检测气体,因此可以根据气体检测的主要应用领域对其进行分类,如图8-2及表8-1所示。

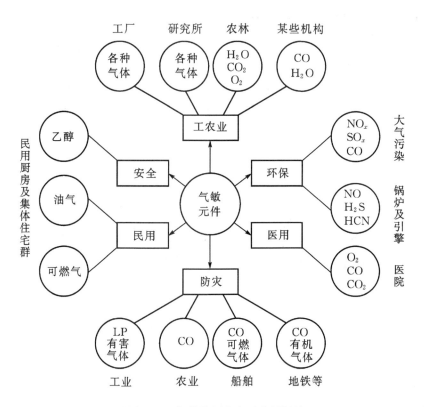

图 8-2　气体检测的主要应用领域

表 8-1　气体检测主要分类情况

检测分类	检测对象气体	应用场合
易燃易爆气体	液化石油气、煤气、天然气	家庭
	甲烷	煤矿
	氢气	冶金、实验室
有毒气体	CO(不完全燃烧的煤气)	煤气灶等
	HS、含硫的有机化合物	石油工业、制药厂
	卤素、卤化物、氨气等	冶炼厂、化肥厂
工业气体	燃烧过程气体控制,调节燃/空比 CO(防止不完全燃烧)	内燃机、锅炉内及其、冶炼厂
	水蒸气(食品加工)	电子灶
环境气体	氧气(缺氧)	地下工程、家庭
	水蒸气(调节湿度、防止结露)	电子设备、汽车、温室
	大气污染(SO_x、NO_x、Cl_2 等)	工业区
其他气体	烟雾、司机呼出酒精	事故预报

8.2 气敏电阻是如何检测气体的

8.2.1 什么是气敏电阻

气敏电阻是一种将检测到的气体成分和浓度转换为电信号的传感器,是一种半导体敏感器件。它是利用气体吸附使半导体本身的电导率发生变化这一机理来进行检测的。气敏电阻能够把气体中的特定成分检测出来,并将它转换为相应电阻变化,用以确定有关气体成分存在及其浓度大小。不同类型的气敏电阻如图 8-3 所示。

(a)酒精传感器   (b)烟雾传感器

图 8-3 不同类型的气敏电阻

气敏电阻是由在常温下为绝缘体的金属氧化物制成半导体后形成的。这种气敏元件接触气体时,由于表面吸附气体,使它的电阻率发生明显变化。这种对气体的吸附可分为物理吸附和化学吸附。在常温下主要是物理吸附,是气体与气敏材料表面上分子间的吸附,它们之间没有电子交换,不形成化学键。若气敏电阻温度升高,化学吸附增加,在某一温度时达到最大值。化学吸附是气体与气敏材料表面建立离子吸附,它们之间有电子的交换,存在化学键力。若气敏电阻的温度再升高,由于解吸作用,两种吸附同时减小。例如,用氧化锡制成的气敏电阻,在常温下吸附某种气体后,其电阻率变化不大,表明此时是物理吸附。若保持这种气体浓度不变,该元件的电导率随元件本身温度的升高而增加,尤其在 $100\sim300$ ℃范围内电导率变化很大,表明此温度范围内化学吸附作用大。因此,气敏电阻工作时需要本身的温度比环境温度高很多,气敏电阻在结构上要有加热器,工作中通常用电阻丝预先加热。科学家发现,许多氧化物半导体材料如 SnO_2、ZnO、Fe_2O_3、MgO、NiO、$BaTiO_3$ 等都具有气敏效应。半导体气敏电阻有 N 型与 P 型之分,其中 N 型在检测时阻值随气体浓度的增大而减小,P 型阻值随浓度的增大而增大。具体到每一种气敏电阻的阻值随浓度变化特性则需要参考相应厂家提供的资料。

气敏电阻根据加热的方式可分为直热式和旁热式两种。直热式加热丝和测量电极一同烧结在金属氧化物半导体管芯内,它消耗功率大、稳定性较差,故应用逐渐减少。旁热式以陶瓷管为基底,管内穿加热丝,管外侧有两个测量极,测量极之间为金属氧化物气敏材料,这种气敏材料是经高温烧结而成的。旁热式气敏电阻性能稳定、消耗功率小,其结构上往往加有双层不锈钢丝网防爆,因此安全可靠、应用面较广。直热式和旁热式气敏电阻的结构与符号如图 8 - 4 和图 8 - 5 所示。

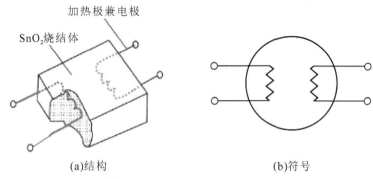

图 8 - 4　直热式气敏电阻结构与符号

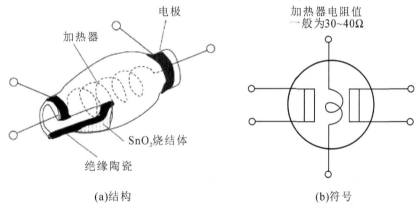

图 8 - 5　旁热式气敏电阻结构与符号

在具体使用过程中,需要注意的气敏电阻主要参数有检测型号、静态电阻(分为固有电阻和工作电阻)、灵敏度、响应时间、恢复时间、温度特性等。

(1)检测型号。在常用的气敏电阻中,根据型号不同分别用于检测酒精、甲烷、一氧化碳、臭氧等不同气体类型。常用气敏电阻型号见表 8 - 2。

表 8 - 2　常用气敏电阻型号

型号	适用气体类型	型号	适用气体类型
MQ - 2	烟雾	MQ - 7	一氧化碳等
MQ - 3	酒精	MQ - 131	空气质量
MQ - 4	天然气、甲烷等	MQ - 135	臭氧

(2)固有电阻 R_0 和工作电阻 R_s。固有电阻 R_0 表示半导体气敏电阻在正常空气条件下(或洁净空气条件下)的阻值,又称正常电阻。工作电阻 R_s 代表气敏电阻在一定浓度的被检测气体中的阻值。

（3）灵敏度。灵敏度标志着气敏电阻对气体的敏感程度，其决定了测量的精度。灵敏度可以用气敏电阻在空气中的固有电阻 R_0 与在被测气体中的工作电阻 R_s 之比来表示

$$K = \frac{R_0}{R_s}（对 \text{N} 型半导体）或 K = \frac{R_s}{R_0}（对 \text{P} 型半导体） \tag{8.1}$$

图 8-6 为某型气敏电阻的阻值-浓度曲线图。从图中可以看出，该气敏电阻对乙醚、乙醇、氢以及正乙烷等具有较高的灵敏度。

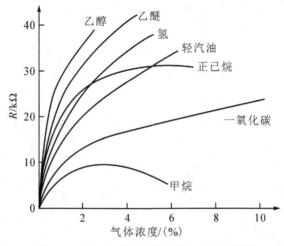

图 8-6　某型气敏电阻的电阻-浓度曲线图

（4）响应时间。从气敏电阻与被测气体接触，到气敏电阻的阻值达到新的恒定值所需要的时间称为响应时间，它表示气敏电阻对被测气体浓度的反应速度。一般气敏电阻的响应时间以秒为单位。

（5）恢复时间。气敏电阻在最佳工作条件下，脱离被测气体后，负载电阻上电压恢复到规定值所需要的时间。一般气敏电阻的恢复时间大于响应时间。

（6）选择性。在多种气体共存的条件下，气敏电阻区分气体种类的能力称为选择性，对某种气体的选择性好，表示气敏电阻对它有较高的灵敏度。选择性是气敏电阻的重要参数。图 8-7 为 N 型半导体气敏电阻 MQ-3 的灵敏度-浓度变化曲线，从图中可以看出，该款气敏电阻对酒精的选择性较好。

（7）温度特性。气敏电阻灵敏度随温度变化的特性称为温度特性。温度有元件自身温度与环境温度之分；这两种温度对灵敏度都有影响。元件自身温度对灵敏度的影响相当大，解决这个问题的措施之一就是温度补偿。

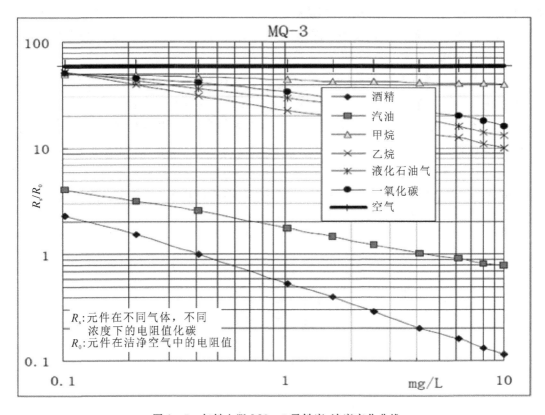

图 8-7　气敏电阻 MQ-3 灵敏度-浓度变化曲线

8.2.2　如何使用气敏电阻

从气敏电阻的工作原理上看,气敏电阻应该与普通电阻一样,只需要有 2 个引脚,且没有正、负极之分。但是由于气敏电阻工作时需要本身的温度比环境温度高很多,在结构上要有加热器,因此气敏电阻通常都有 6 个引脚输出,如图 8-8 所示,其中 H 脚为热敏电阻的加热端,两个 H 脚没有正负极之分;A、B 脚为热敏电阻的信号输出端,且同一组的两个 A 脚或两个 B 脚间直接导通,A、B 脚也没有正、负极之分。

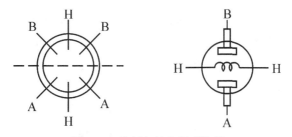

图 8-8　常用气敏电阻引脚图

在具体使用气敏电阻时,还应注意以下几个方面:

(1)首次使用应预热。在使用气敏电阻时,需要一定的预热时间才能稳定工作。如果气敏电阻有很长时间不用了,首次使用时,即使在清洁的空气中,气敏电阻的电导率也会迅速上升,但很快会恢复正常。所以,首次使用时需预热约10分钟,待气敏电阻工作处于稳定状态后,再进行正常测定工作。

(2)"中毒"的气敏电阻应适当调高工作电流"解毒"。如果气敏电阻接触高浓度的可燃性气体后,会出现暂时"中毒"现象,使用时先要将加热电流适当调高,保持1~2分钟后再恢复正常使用。

(3)防油污、灰尘。使用气敏电阻时,要避免油浸或油垢污染,长期使用时要防止灰尘堵住防爆不锈钢网罩。

气敏电阻基本测量电路如8-9所示,该测量电路包括加热回路和测量回路两部分。预加热后,可以将气敏电阻置于测量环境中,在不同的被测气体浓度下,A、B引脚间的电阻值会发生变化,从而导致测量电路的输出电压 U_{out} 也发生变化。

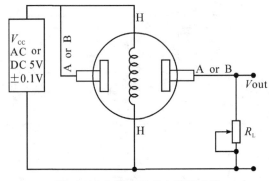

图8-9 气敏电阻基本测量电路

图8-10是便携式酒精测试仪的电路图,该型酒精检测电阻的阻值与酒精浓度成反比。当气敏电阻探测不到酒精时,加在IC的5脚的电平为低电平;当气敏电阻探测到酒精时,其内阻变低,从而使IC的5脚电平变高。IC为LED显示编码器芯片,它共有10个输出端,每个输出端可以驱动一个发光二极管。LED显示编码器芯片可以根据5脚的电位高低来确定依次点亮发光二极管的级数,酒精含量越高,点亮二极管的级数就越大。上5个发光二极管为红色,表示超过安全水平;下5个发光二极管为绿色,表示安全水平。

图8-11是一个烟雾报警器电路原理图,该电路由电源、检测、定时报警输出等三部分组成。电源部分将220 V交流电经变压器降至15 V,由 $D_1 \sim D_4$ 组成的桥式整流电路整流并经 C_2 滤波成直流。然后通过三端稳压器7810提供10 V电压给烟雾检测传感器和运算放大器供电,通过三端稳压器7805提供5 V电压给烟雾检测传感器加热。

烟雾检测传感器 A、B之间的电阻在无烟环境中为几十千欧,在有烟雾环境中可下降到几千欧。一旦有烟雾存在,A、B间电阻便迅速减小,比较器 IC_1 通过电位器 RP_1 所取得的分压随之增加,IC_1 翻转输出高电平使 VT_2 导通。IC_2 在 IC_1 翻转之前为高电平,因此 VT_1 也处于导通状态。IC_1 翻转后,由 R_3、C_1 组成的定时器开始工作(改变 R_3 阻值可改变 C_1 充电时间长短)。当电容 C_1 被充电达到阈值电位时,IC_2 翻转,则 VT_1 关断。烟雾消失后,比较器复位,则 C_1 通过 IC_1 放电。

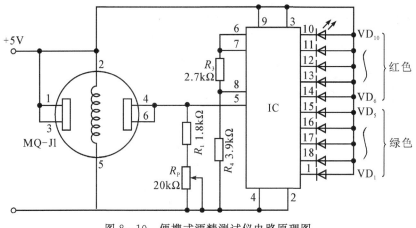

图 8-10　便携式酒精测试仪电路原理图

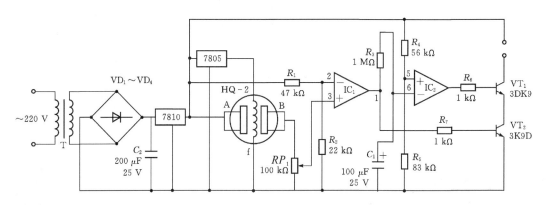

图 8-11　烟雾报警器电路原理图

如图 8-12 所示为一个有害气体鉴别、报警与控制电路图。MQS2B 是旁热式烟雾、有害气体传感器,无有害气体时阻值较高(约 10 kΩ),有有害气体或烟雾进入时阻值急剧下降,A、B两端电压下降,使得 B 端电压升高,经电阻 R_1 和 RP 分压、R_2 限流加到开关集成电路 TWH8778 的选通端 5 脚,当 5 脚电压达到预定值时(调节可调电阻 RP 可改变 5 脚的电压预定值),1、2 两脚导通。+12 V 电压加到继电器上使其通电,触点 J_{1-1} 吸合,合上排风扇电源开关自动排风。同时 2 脚+12 V 电压经 R_4 限流和稳压二极管 DW_1 稳压后供给微音器 HTD 电压而发出嘀嘀声,而且发光二极管发出红光,实现声光报警。

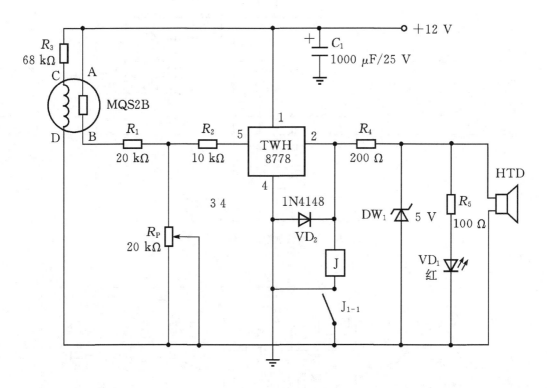

图 8-12　有害气体鉴别、报警与控制电路

8.3　湿度是如何检测的

8.3.1　如何衡量湿度

湿度是表示大气干燥程度的物理量,广泛体现在人们生产生活的各个方面。在一定的温度下,一定体积的空气中含有的水汽越少,则空气越干燥;水汽越多,则空气越湿润。这个空气的干湿程度叫做"湿度"。空气中液态或固态的水不算在湿度中。

湿度通常可以用绝对湿度、相对湿度和露点(或露点温度)三种方式来衡量。

绝对湿度是单位体积的空气中含有的水蒸气的质量,单位为 g/m^3,即

$$H_a = M_V/V \tag{8.2}$$

式中,H_a 为绝对湿度;M_V 为水蒸气的质量;V 为空气的体积。绝对湿度的最大限度是饱和状态下的最高湿度。由于直接测量水蒸气的质量比较困难,通常可以用水蒸气的压强来表示绝对湿度,单位为百帕(hPa)。

绝对湿度虽然可以表示空气的干湿程度,但是空气的绝对湿度并不能决定地上水蒸气蒸发速度的快慢和人对潮湿程度的感觉。地上水蒸气蒸发速度的快慢和人对潮湿程度的感觉还与空气中能够容纳的最高绝对湿度相关,因此我们采用相对湿度来描述空气的干湿程度。相对湿度是绝对湿度与同一温度下最高绝对湿度之间的比,等同于待测空气中水蒸气含量与相

同温度下的饱和水蒸气含量比值的百分数,相对湿度的单位为%RH,即

$$H_r = (P_v/P_w)_T \times 100 \% \qquad (8.3)$$

式中,H_r 为相对湿度,P_v 为绝对湿度,P_w 为在温度 T 时的最高绝对湿度。

相对湿度只有与温度一起使用才有意义,因为空气中能够含有的最大限度水蒸气的量随温度的升高而增加,即同一绝对湿度在不同的温度中相对湿度也不同。也就是说,在同样多的水蒸气的情况下,温度升高相对湿度就会降低。因此在提供相对湿度的同时也必须提供温度的数据。相对湿度为 100% 的空气是饱和空气;相对湿度是 50% 的空气含有达到同温度的空气饱和点一半的水蒸气;相对湿度超过 100% 时,空气中的水蒸气会凝结出来。

露点(露点温度)是指一定气压下逐步降低温度,当水蒸气变成液体凝结成露珠时的温度,单位为℃,此时的相对湿度为 100% RH。

空气湿度在许多方面有重要的用途,比如在天气预报中,常用到相对湿度,它反映了降雨、有雾的可能性。在炎热的天气中,高的相对湿度会让人类(和其他动物)感到更热,因为这妨碍了汗水挥发。相对湿度通常与气温、气压共同作用于人体。现代医疗气象研究表明,对人体比较适宜的相对湿度为:夏季室温 25 ℃时,相对湿度控制在 40%~50% 比较舒适;冬季室温 20 ℃时,相对湿度控制在 60%~70% 比较舒适。在存放水果的仓库中,湿度决定了水果的成熟或腐烂的速度。在存放金属的仓库里,湿度过高可能会导致金属腐蚀。

8.3.2　如何选择湿敏传感器

常用测定湿度的仪器有干湿球温度计、毛发湿度计、露点仪,常用测定湿度的传感元件有湿敏电阻、湿敏电容等。

1.干湿球温度计

干湿球温度计是由一对并列装置、形状完全相同的温度计制成。一支测气温,称干球温度计;另一支包有保持浸透蒸馏水的脱脂纱布,称湿球温度计,如图 8-13 所示。当空气未饱和时,湿球因表面蒸发需要消耗热量,从而使湿球温度下降。与此同时,湿球又从流经湿球的空气中不断取得热量补给。当湿球因蒸发而消耗的热量和从周围空气中获得的热量相平衡时,湿球温度就不再继续下降,从而出现一个干湿球温度差。干湿球温度差值的大小主要与当时的空气湿度有关。空气湿度越小,湿球表面的水分蒸发越快,湿球温度降得越多,干湿球的温差就越大;反之,空气湿度越大,湿球表面的水分蒸发越慢,湿球温度降得越少,干湿球的温差就越小。此外,干湿球的温差大小还与湿球附近的通风速度、气压、湿球大小、湿球润湿方式等有关。因此,可以根据干湿球温度值,并将一些其他因素考虑在内,从理论上推算出当时的空气湿度。干湿球温度计是当前测湿度的主要仪器,但不适用于低温(-10 ℃以下)使用。

干湿球温度计在读数前先要给干湿温度计背面下端水槽加水,水要浸到纱布。如果刚加水,30 分钟之后才可以读数,否则读出的数是无效的。读干球和湿球的温度,旋动干球温度盘,使干球的温度刻度线旋到与湿球的温度刻度线对齐,即可从刻度盘下方读出相对湿度。相

对湿度从左往右是变小的。

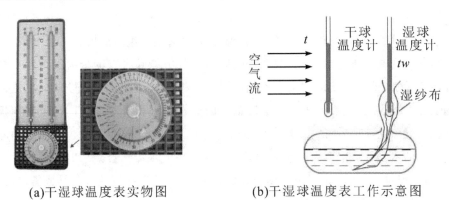

(a)干湿球温度表实物图   (b)干湿球温度表工作示意图

图 8-13   干湿球温度表实物及示意图

2.毛发湿度计

毛发湿度计是利用脱脂人发(或牛肠衣)具有空气潮湿时伸长、干燥时缩短的特性制成的。常见的机械式指针湿度计就是毛发式的,当然也有在金属游丝上涂敷高分子亲水塑料材料来替代毛发。机械式指针湿度计测量原理属于长度变化式,即元件能随空气湿度的变化而改变其长度,利用长度变化产生的位移来驱动指针轴,使指针在表盘上移动,从而实现湿度的计量功能,如图 8-14 所示。毛发湿度计测量湿度时精度相对较差,但是在气温低于-10 ℃时也可以使用。

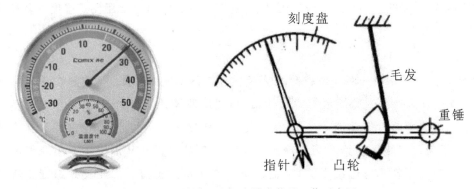

图 8-14   机械式毛发湿度计实物及工作示意图

3.露点仪

露点仪是一种能直接测出露点温度的仪器,如图 8-15 所示。使其镜面处在样品湿空气中降温,直到镜面上隐现露滴(或冰晶)的瞬间,测出镜面平均温度,即为露(霜)点温度。它测量湿度时精度较高,但需光洁度很高的镜面,精度很高的温控系统,以及灵敏度很高的露滴(冰晶)的光学探测系统。使用时必须使吸入样本空气的管道保持洁净,否则管道内的杂质将吸收或放出水分造成测量误差。

图 8 - 15　露点仪

4.湿敏电阻

湿敏电阻是利用湿敏材料能吸收空气中的水分而导致本身电阻值发生变化这一原理制成的,其电阻值与环境中相对湿度成反比。湿敏电阻的结构如图 8 - 16 所示。目前工业上流行的湿敏电阻主要有氯化锂湿敏电阻和有机高分子膜湿敏电阻两种。

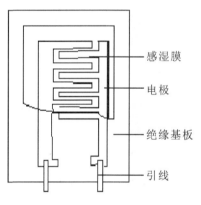

感湿膜

电极

绝缘基板

引线

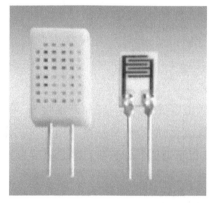

图 8 - 16　湿敏电阻

(1)氯化锂湿敏电阻:氯化锂湿敏电阻是在聚碳酸酯基片上制成一对梳状金电极,然后浸涂溶于聚乙烯醇的氯化锂胶状溶液,最后在其表面再涂上一层多孔性保护膜而形成。氯化锂是潮解性盐,这种电解质溶液形成的薄膜能随着空气中水蒸汽的变化而吸湿或脱湿。感湿膜的电阻随空气相对湿度变化而变化,当空气中湿度增加时,感湿膜中盐的浓度降低。

(2)有机高分子膜湿敏电阻:有机高分子膜湿敏电阻是在氧化铝等陶瓷基板上设置梳状型电极,然后在其表面涂上具有感湿性能,又有导电性能的高分子材料的薄膜,再涂一层多孔质的高分子膜保护层。这种湿敏元件是利用水蒸汽附着于感湿薄膜上,使其电阻值与相对湿度对应。

氯化锂湿敏电阻的线性测湿量程较窄,约为 20% RH。在该测量范围内,测量的线性误差小于 2% RH。因此,在全范围湿度测量环境中要想达到高精度的湿度测量,需要多片结合。用于全量程测量的湿度计组合的氯化锂湿敏元件数一般为 5 个,可测范围通常为 15%~100% RH。

但是氯化锂湿敏电阻的长期稳定性极强,还可在120 ℃高温环境中稳定工作,这是其他高分子电容湿度传感器不可比拟的。

5.湿敏电容

湿敏电容一般是用高分子薄膜电容制成的,常用的高分子材料有聚苯乙烯、聚酰亚胺、醋酸纤维等。当环境湿度发生改变时,湿敏电容的介电常数发生变化,使其电容量也发生变化,其电容变化量与相对湿度成正比。

湿敏电容的结构如图8-17所示。这种湿敏元件基本上是一个电容器,在高分子薄膜上的电极是一层很薄的金属微孔蒸发膜,水分子可通过两端的电极被高分子薄膜吸附或释放,这样便导致高分子薄膜介电常数发生相应的变化。因为介电系数随空气相对湿度变化而变化,所以只要测定电容值的大小便可测得相对湿度。

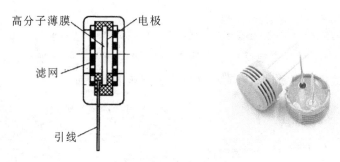

图8-17　湿敏电容

好的湿敏电容灵敏度高、产品互换性好、响应速度快、湿度的滞后量小、便于制造、容易实现小型化和集成化,但是价格较高。而低价的湿敏电容往往线性度、一致性和重复性都不甚理想,30％ RH以下,80％ RH以上感湿段变形严重。同时,无论高档或低档的湿敏电容,长期稳定性都不理想,长期使用多数会漂移严重。此外,湿敏电容元件抗腐蚀能力也较欠缺,往往对环境的洁净度要求较高。

8.3.3　如何使用湿敏传感器

现代湿度测量方案主要有两种:干湿球测湿法和电子式湿度传感器测湿法。干湿球测湿法的维护相当简单,只需定期给湿球加水及更换湿球纱布即可。与电子式湿度传感器相比,干湿球测湿法不会产生老化,精度下降等问题,所以干湿球测湿法更适合在高温及恶劣环境的场合中使用。干湿球测湿法采用间接测量方法,通过测量干球、湿球的温度经过计算得到湿度值,因此对使用温度没有严格限制,在高温环境下测湿不会对传感器造成损坏,但是干湿球湿度计的准确度只5％～7％ RH。

电子式湿度传感器是近几十年,特别是近20年才迅速发展起来的,湿度传感器生产厂在产品出厂时都采用标准湿度发生器来逐支标定,并提供相应的温湿度-阻值(电容值)对照表,见表8-3。电子式湿度传感器的准确度可以达到2％～3％ RH。

表 8 - 3　CHR01 - 313 湿度/温度阻抗拟合数据表(单位:K)

湿度%RH	温度										
	5℃	10℃	15℃	20℃	25℃	30℃	35℃	40℃	45℃	50℃	55℃
20	1135.6	942.5	782.3	649.3	538.9	447.3	371.2	308.1	255.7	212.2	176.2
21	1058.4	878.4	729.1	605.1	502.2	416.9	346.0	287.2	238.3	197.8	164.2
22	986.4	818.7	679.5	564.0	468.1	388.5	322.5	267.6	222.1	184.4	153.0
23	919.4	763.1	633.3	525.7	436.3	362.1	300.5	249.4	207.0	171.8	142.6
24	856.9	711.2	590.3	489.9	406.6	337.5	280.1	232.5	193.0	160.2	132.9
25	798.6	662.9	550.2	456.5	379.0	314.6	261.1	216.7	179.8	149.3	123.9
26	744.3	617.8	512.8	425.6	353.2	293.2	243.3	202.0	167.6	139.1	115.5
27	693.7	575.8	477.9	396.6	329.2	273.2	226.8	188.2	156.2	129.7	107.6
28	646.6	536.7	445.4	369.7	306.8	254.7	211.4	175.4	145.6	120.9	100.3
29	602.6	500.2	415.1	344.6	286.0	237.4	197.0	163.5	135.7	112.6	93.5
30	561.7	466.2	386.9	321.1	266.5	221.2	183.6	152.4	126.5	105.0	87.1
31	523.5	434.5	360.6	299.3	248.4	206.2	171.1	142.0	117.9	97.8	81.2

······

但是,电子式湿度传感器的使用也有许多需要注意的地方。

(1)准确度与长期稳定性结合判断:电子式湿敏元件准确度可达 2%～3% RH,比干湿球法测量湿度精度要高,但是湿敏元件线性度及抗污染性差。实际检测时,湿敏元件要长期暴露在待测环境中,很容易被尘土、油污及有害气体等污染,使用时间长就会老化、精度下降,产生时漂。因此,湿度传感器的精度水平要结合其长期稳定性去判断。长期稳定性和使用寿命是影响湿敏元件质量的头等问题,年漂移量控制在 1% RH 水平的产品很少,一般都在 2% RH 左右,甚至更高。

(2)需要温度补偿:电子式湿敏元件除了对环境的湿度比较敏感外,对温度也很敏感。一般来说,其温度系数在 0.2%～0.8% RH/℃范围内,有些湿敏元件在不同的相对湿度下,温度系数还有差别,大部分湿敏元件难以在 40℃以上正常工作。温漂非线性需要在电路上加温度补偿式。

(3)交流供电:金属氧化物陶瓷、高分子聚合物和氯化锂等湿敏材料施加直流电压时,会导致其性能发生变化,甚至失效,所以不能用直流电压或有直流成分的交流电压,必须是交流电供电。因此,在测量湿敏电阻的阻值时,也要用电桥而不能用普通万用表。

(4)互换性差:互换性是指在同一规格的一批零件或部件中,任取其一,不需任何挑选或附加修配就能装在机器上,达到规定的性能要求。就目前状况来看,大部分湿度传感器存在互换性差的情况,同一型号的传感器无法互换,这严重影响了使用效果,使维修、调试也增加了不少困难。

(5)需要湿度校正:湿敏元件在使用中需要进行湿度校正。湿度校正比温度校正困难。温度校正往往采用一根标准温度计作标准就行了,但是湿度校正标准比较难实现。因为湿度传感器对环境条件要求十分严格,干湿球温度计和一般的指针式湿度计不能用来作标准,因为无法保证精度。

如图 8-18 所示是一款自动控制的全自动加湿器电路。该加湿器电路由电源电路、湿度检测/指示电路和湿度控制电路组成。交流 220 V 电压一路经 T 降压、UR 整流、C_1 滤波及 IC_1 稳压后,产生+12 V 电压供给湿度控制电路,同时将 VL 点亮;另一路经 T 降压、R_1 和 R_2 限流及 VS_1、VS_2 稳压/削波变成平顶式交流电压。此交流电压经 RP_1 调整取样、R_H2O 降压及 $VD_1 \sim VD_4$ 整流变成直流电压,再通过 C_3、R_3 和 C_4 滤波限流后,加至电流表 PA 上。R_H2O 的阻值随着湿度的变化而变化。环境湿度越高,R_H2O 的阻值越小,流过 PA 的直流电流就越大。

在湿度较低时,流过 PA 的电流也较小,IC_2 因反相输入端的电压低于正相输入端的基准电压而输出高电平,使 VT 导通,K 吸合,其常开触头接通,使加湿器通电工作。随着空气湿度的不断加大,R_H2O 的阻值也开始逐渐减小,IC_2 反相输入端的电压也不断上升。当湿度达到设定湿度时,IC_2 因反相输入端电压高于其正相输入端电压而输出低电平,使 VT 截止,K 释放,其常开触头将加湿器的工作电源切断。如此反复地工作,即可使环境湿度控制在设定的湿度范围内。

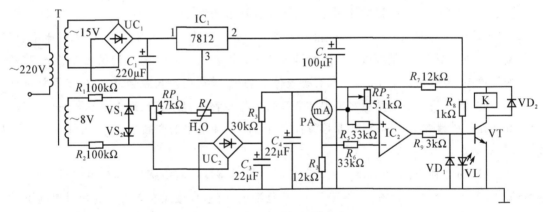

图 8-18 全自动加湿器电路

如图 8-19 所示是一个蔬菜大棚湿度检测电路。它由湿度检测电路、施密特触发电路、可控硅控制通风电路、语音发声电路及交流降压整流电路等组成。它能对高湿度的环境进行检测,当相对湿度超过设定值时,电路自动发出蟋蟀的鸣叫声,并启动排气扇进行运转、通风。其中 200 V 交流电降压后给湿敏电阻 SM01-A 供电,然后通过二极管 VD_1 进行半波整流后稳压为 9 V 给电路供电。而二极管 VD_1 对湿敏电阻与 R_1 分压后的输出信号进行半波整流,用于控制三极管 VT_1 的导通与关闭。当相对湿度升高后,湿敏电阻 SM01-A 的阻值下降。可以通过可调电阻 PR_1 调整相对湿度的设定值。当相对湿度超过设定值时,A 点正向的输出电压升高,三极管 VT_1 先导通,三极管 VT_2、三极管 VT_3 相继导通,启动排气扇进行运转、通风并使喇叭发出蟋蟀的鸣叫声。当相对湿度下降后,三极管 VT$_1$ 先关闭,三极管 VT$_2$、三极管 VT$_3$ 相继关闭,排气扇停止运转,喇叭关闭。

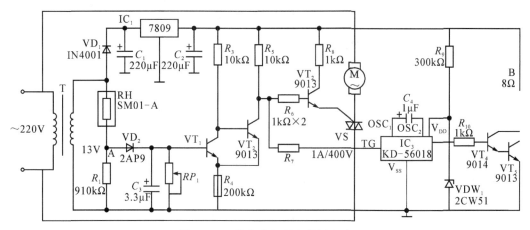

图 8-19　蔬菜大棚湿度检测电路

8.4　如何制作酒精检测仪

本任务为制作一个酒精检测仪,具体功能要求如下:

(1)可以实现酒精浓度检测。

(2)具有两层浓度大小的指示。

1.设计任务分析

酒精检测仪选用的传感器是常用的 MQ-3。MQ-3检测模块电路已经提供,需要根据检测模块输出信号设计比较模块及报警模块。根据器件清单表 8-4,该任务用的是 LM393 芯片,该任务的电路原理图如图 8-20 所示。

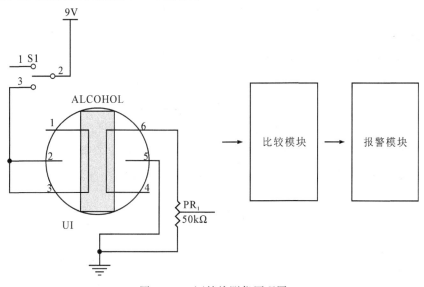

图 8-20　酒精检测仪原理图

表 8 − 4　酒精检测仪器件清单表

序号	名称	型号	数目
1	焊接板	—	1
2	酒精传感器	MQ − 3	1
3	比较器	LM393	1
4	芯片插座	DIP8	1
5	电位器	50 kΩ	3
6	三极管	8050(NPN)	2
7	电解电容	22 μF/25V	1
8	1/4W 电阻	1 kΩ	4
9		4.7 kΩ	2
10		10 kΩ	1
11	LED	—	2
12	拨位开关	—	1
13	棉签	—	1

2.调试步骤

(1)用示波器观察 LM393 芯片输出脚电压,调节可调电阻,使得当含酒精棉签靠近酒精传感器时,该点电压有明显变化,并记录变化前后的电压值。

(2)调节可调电阻,使得 LM339 芯片 2 脚、6 脚电压位于上一步记录的两个电压之间。

(3)正常情况下,LM393 芯片输出脚都为低电平,两个发光二极管都熄灭。

(4)当含酒精的棉签慢慢靠近酒精传感器时,发光二极管 D_1 点亮;当含有酒精的棉花再靠近酒精传感器,则两个发光二极管 D_1、D_2 都能点亮,调试完毕。

3.概括原理回答下列问题

(1)请仔细分析酒精测试仪原理图,回答以下几个问题。

①其引脚 2 与引脚 5 两端输入电压对传感器起到什么作用?

②其引脚 3 与引脚 6 两端电阻值随酒精浓度如何变化?

③该电路中 LM393 起什么作用? 指出 LM393 与 LM324 的区别。

④一般电路中 LED 会接在 NPN 三极管 C 脚,该三极管起什么作用?

(2)请叙述在项目制作过程中遇到的问题及最终解决办法。

项目 8 小结

本项目主要学习了气体检测及其分类,同时还详细介绍气敏电阻、湿敏电阻和湿敏电容的检测原理及具体应用。学习的重点在于气体检测中不同传感器的测量原理及具体测量应用中如何根据工程实际情况进行传感器选择。还需要特别注意的是,由于不同气体检测传感器具有不同特点,因此其测量电路也各有不同。

课后习题

一、判断题

1.甲烷是无色有味的气体。 （　　）

2.气敏传感器是一种检测特定气体的传感器。 （　　）

3.家中的煤气检测探测仪是利用气敏传感器元件制成。 （　　）

4.甲烷泄露报警器需安装在气源一定半径范围内,并且要求通风良好。 （　　）

5.湿敏传感器一般不需要温度补偿。 （　　）

6.湿度有绝对湿度和相对湿度之分。 （　　）

7.湿敏器件只能暴露于待测环境中,不能密封。 （　　）

8.温度、湿度是不同概念,因此描述湿度时可以抛开温度而单独讲湿度。 （　　）

二、选择题

1.气体传感器是指能将被测气体的（　　）转换为与其成一定关系的电量输出的装置或器件。

　　A.浓度　　　　　　B.体积　　　　　　C.质量　　　　　　D.压强

2.家中的煤气检测仪是利用以下（　　）传感器元件制成。

　　A.红外传感器　　　B.距离传感器　　　C.光电传感器　　　D.气敏传感器

3.以下不属于气敏传感器应用实例的是（　　）。

　　A.酒精检测仪　　　　　　　　　　B.条形码扫描仪

　　C.汽车尾气分析仪　　　　　　　　D.甲烷泄露报警器

4.以下气体中不属于易燃易爆物的是（　　）。

　　A.甲烷　　　　　　B.氢气　　　　　　C.瓦斯　　　　　　D.氩气

5.以下不能用作火灾烟雾报警器的传感器是（　　）。

　　A.气敏传感器　　　　　　　　　　B.距离传感器

　　C.光电式传感器　　　　　　　　　D.离子式传感器

6.湿敏电容一般是用（　　）制成的,常用的材料有聚苯乙烯、聚酰亚胺、酪酸醋酸纤维等。

　　A.瓷片电容　　　　　　　　　　　B.高分子薄膜电容

　　C.涤纶电容　　　　　　　　　　　D.电解电容

7.绝对湿度表示单位体积空气里所含水汽的（　　）。

　　A.质量　　　　　　B.体积　　　　　　C.程度　　　　　　D.浓度

8.相对湿度是气体的绝对湿度与同一（　　）下水蒸汽达到饱和时的气体的绝对湿度之比。

　　A.体积　　　　　　B.温度　　　　　　C.环境　　　　　　D.质量

9.在许多储物仓库中,湿度对物品的影响是(　　)。

　A.物品会炸裂　　　　　　　　B.物品会蒸发

　C.物品易变质或霉变　　　　　D.没有影响

10.高分子材料制成湿敏电容采用的电源供电方式为(　　)。

　A.直流供电方式　　　　　　　B.交流供电方式

　C.5 V　　　　　　　　　　　　D.36 V

项目 9　如何抵挡无处不在的干扰信号

9.1　干扰从何而来

干扰是指测量中出现了无用信号,也被称为噪声信号。在许多现实环境中(如工业生产、户外检测等),往往会有高温、高压、振动、电、磁等各种情况存在,因此会叠加额外的无用信号到被检测信号中,形成干扰。被检测信号叠加了额外的无用信号后,就会产生不同程度的失真。因此,由于噪声信号的存在,会对检测系统的稳定度和精确度产生直接影响,甚至使检测系统不能正常工作。

用于衡量噪声信号对有用信号影响程度的主要指标是信噪比,即在信号通道中,有用信号成分和噪声信号成分的比值。用分贝(dB)单位描述的信噪比 S/N 为

$$\frac{S}{N} = 10\lg\frac{P_{\text{s}}}{P_{\text{n}}} = 20\lg\frac{U_{\text{s}}}{U_{\text{n}}} \tag{9-1}$$

式中,P_{s} 为有用信号功率;P_{n} 为噪声信号功率;U_{s} 为有用信号电压;U_{n} 为噪声信号电压。该式表明,信噪比越大,噪声信号对有用信号的影响越小。

根据噪声信号来源不同,干扰可以分为外部干扰和内部干扰。外部干扰指系统外部以电磁波或经电源串进系统内部引起的噪声信号(如放电管放电、电子开关通断等)引发的干扰。外部干扰可以分为放电干扰和电气干扰等两类。内部干扰一般指固有噪声干扰,固有噪声是由检测系统的各种元件内部产生的,如热噪声、散粒噪声等,如图 9-1 所示。

根据噪声信号进入信号测量电路后的存在方式,可以将干扰分为差模干扰和共模干扰。对于电气设备的电源线或通信线,它们与其他设备或外围设备相互交换的线路至少有两根导线,这两根导线作为往返线路输送电力或信号,在这两根导线之外通常还有第三导线,这就是地线。电压和电流的变化通过导线传输时有两种形态,一种是两根导线分别作为往返线路传输,我们称之为"差模"。差模干扰即为这两根导线之间存在不希望有的电位差。差模干扰在两导线之间传输,属于对称性干扰。另一种是两根导线作去路,地线作返回传输,我们称之为"共模"。共模干扰即为这两根导线与地线之间存在不希望有的电位差。共模干扰在导线与地(机壳)之间传输,属于非对称性干扰。任何两根电源线或通信线上存在的干扰均可用共模干扰和差模干扰来表示,如图 9-2 所示。

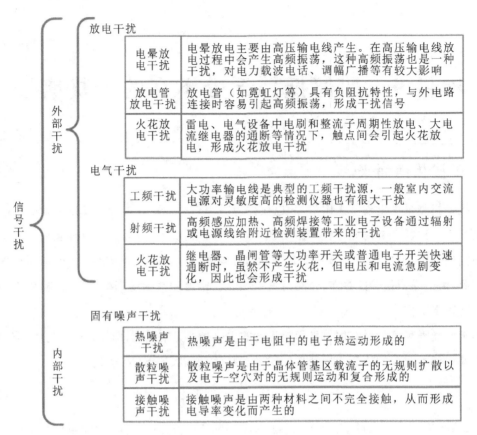

图 9-1　干扰的分类及形成原因

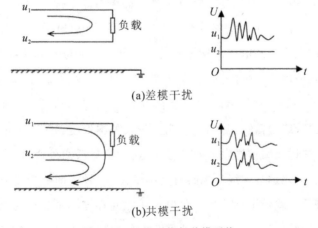

(a)差模干扰

(b)共模干扰

图 9-2　差模干扰与共模干扰

　　在检测系统中,有用信号都是差模信号,差模干扰会对测量结果直接产生影响。常见的差模干扰产生原因有交变磁场对传感器的输入进行电磁耦合等。针对差模信号的特点,可以采用双绞线传输信号、传感器耦合端加滤波器、屏蔽等措施消除差模干扰。

　　共模干扰是在测量仪表两个输入端子上同时出现的干扰,因此对于采用差分信号作为测量结果的检测系统不会直接产生影响。但是,如果当信号输入电路参数不对称时,共模干扰就会转换为差模干扰,对测量产生影响。实际测量中,电气设备对外的干扰多以共模干扰为主,外来的干扰也多以共模干扰为主,且共模干扰的电压都比较大,因此,共模干扰对测量的影响更严重。

9.2　如何抑制干扰

由于噪声信号对信号检测的结果有很大影响,因此在检测系统中需要针对不同的噪声信号采用不同的干扰抑制技术。抑制干扰最理想的方法是抑制干扰源,使其不向外产生干扰或将其干扰影响限制在允许的范围之内。但是由于干扰源的复杂性,要想使所有的干扰源都不向外产生干扰,几乎是不可能的,也是不现实的。因此,在产品开发和应用中,除了对一些重要的干扰源,主要是对被直接控制对象上的一些干扰源进行抑制外,更多的是在产品内设法抑制外来干扰的影响,以保证系统可靠地工作。目前,常用的干扰抑制技术主要有屏蔽、接地、滤波和隔离等。

1.屏蔽技术

屏蔽技术是利用低电阻材料或磁性材料制成的壳状屏蔽体将干扰源或被干扰对象包围起来,以隔离内外电场、磁场的相互作用,阻止其电磁能量的传输,如图 9-3 所示。按需要屏蔽干扰场的性质不同,屏蔽可分为静电屏蔽、磁场屏蔽和电磁屏蔽。

图 9-3　日常生活中的屏蔽干扰抑制技术

静电屏蔽是为了避免外界电场对仪器设备的影响,或者为了避免电气设备的电场对外界的影响,用一个与大地相连的导电性良好的金属容器把外电场遮住,使其内部不受影响,也不使电气设备对外界产生影响。注意,如果外部的电场是交变电场,则静电屏蔽的条件不再成立。

磁场屏蔽是为了消除或抑制由于磁场耦合引起的干扰。对静磁场及低频交变磁场,可用高磁导率的材料(如坡莫合金等)作屏蔽体,并保证磁路畅通,将干扰磁力线限制在磁阻很小的磁屏蔽体内部,防止其干扰。而对高频交变磁场,则是利用导电性良好的金属材料制成屏蔽层,然后靠屏蔽体壳体上感生的电涡流消耗原高频干扰磁场的能量,从而削弱高频磁场的影响。因此,对于高频交变磁场的屏蔽也称为电磁屏蔽。如果将该电磁屏蔽层接地,则同时兼有静电屏蔽作用。

2.接地技术

接地技术是指将电路、设备机壳等与作为零电位的一个公共参考点(大地)实现低阻抗的连接。

接地的目的一般有两个:一是为了安全,例如把电子设备的机壳、机座等与大地相接,当设备漏电时,不影响人身安全,称为安全接地;二是为了给系统提供一个基准电位,避免受磁场或电位差的影响,如脉冲数字电路的零电位点等,或为了抑制干扰,如屏蔽接地等,称为工作接地。实际电器中的不同接地技术如图9-4所示。将接地与屏蔽正确结合起来,可以抑制大部分噪声干扰。

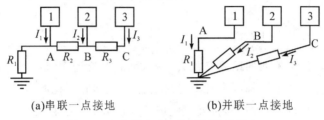

(a)串联一点接地　　　　　　(b)并联一点接地

图9-4　实际电路中的不同接地技术

图9-4(a)为串联一点接地,由于各电路地信号间相互串联,因此仍然会产生相互干扰,但由于比较简单,用的地方仍然很多。当各电路的电平相差不大时还可勉强使用,但当各电路的电平相差很大时就不能使用。图9-4(b)为并联一点接地,这种方式最适合用在低频时。因为各电路的地电位只与本电路的地电流和地线阻抗有关,不会因地电流而引起各电路间的耦合。但是该方式需要连很多根地线,用起来比较麻烦。

3.滤波技术

滤波技术是抑制干扰传导的一种重要方法。由于干扰源发出的电磁干扰的频谱往往比要接收的有用信号的频谱宽得多,因此当接受器接收有用信号时,也会接收到那些电磁噪声信号。这时可以采用滤波技术,只让需要的频率成分通过,而对噪声信号的频率成分加以抑制。常用的滤波器根据其频率特性又可分为低通、高通、带通、带阻等。低通滤波器只让低频成分通过,而高于截止频率的成分则受抑制、衰减,不让通过。高通滤波器只通过高频成分,而低于截止频率的成分则受抑制、衰减,不让通过。带通滤波器只让某一频带范围内的频率成分通过,而低于下截止和高于上截止频率的成分均受抑制,不让通过。带阻滤波器只抑制某一频率范围内的频率成分,不让其通过,而低于下截止和高于上截止频率的频率成分则可通过。不同滤波器的滤波频率如图9-5所示。

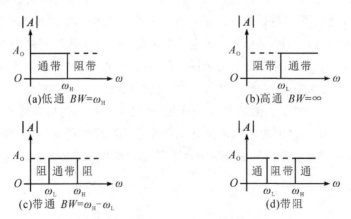

(a)低通 $BW=\omega_H$　　　　　　(b)高通 $BW=\infty$

(c)带通 $BW=\omega_H-\omega_L$　　　　　　(d)带阻

图9-5　不同滤波器的滤波频率

按所处理的信号来分类,滤波技术可分为两类:模拟滤波技术和数字滤波技术。模拟滤波技术一般都是通过硬件电路实现的。硬件滤波的基本原理就是电容、电感的容抗和感抗与频率有关。模拟滤波技术又分为两类:无源滤波和有源滤波。无源滤波电路仅有无源元件(电阻、电容、电感),如图9-6所示。有源滤波电路不仅有无源元件,还有有源元件(双极型管、单极型管、集成运放)。有源滤波电路除了要有输入信号外,还必须要有外加电源才可以正常工作,如图9-7所示。有源滤波自身就是谐波源,会产生谐波干扰。

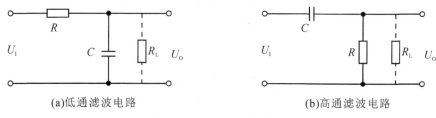

(a)低通滤波电路　　　　　　　　　　(b)高通滤波电路

图 9-6　基本无源滤波电路

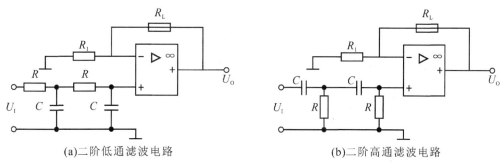

(a)二阶低通滤波电路　　　　　　　　　(b)二阶高通滤波电路

图 9-7　基本有源滤波电路

数字滤波技术通常指软件算法滤波,常见的数字滤波算法大概有十几种。如克服大脉冲干扰的滤波算法有限幅滤波法、中位值滤波法、奇异数据滤波法、决策滤波法。克服小幅度高频噪声的滤波算法有算术平均法、滑动滤波法、加权滑动平均法,这三种算法都具有低通特性。此外,还有一些更复杂的滤波算法,比如维纳滤波法、卡尔曼滤波法等。

数字滤波技术可以分为两类:经典滤波和现代滤波。经典滤波技术的基础是傅里叶变换,它建立在信号和噪声频率分离的基础上,通过将噪声所在频率区域幅值衰减来达到提高信噪比的目的,于是针对不同的频率段就产生了低通、高通、带通等滤波器之分。现代滤波器则不是建立在频率领域,而是通过随机过程的数学(特别是统计学)方法,对于采集的数据进行分析,对噪声和信号的统计特性(如自相关函数、互相关函数、自功率谱、互功率谱等)做一定的假定,然后利用数学原理滤除差异较大的数据,保持数据的灵敏度和稳定性,提高信噪比。比如在维纳滤波法中还必须假定信号是平稳的,在卡尔曼滤波法中假定状态噪声和测量噪声是不相关的。现代滤波技术没有带通、低通、高通之分。

4.隔离技术

隔离技术是指把干扰源与接收系统隔离开来,使有用信号正常传输,而噪声信号耦合通道被切断,达到抑制干扰的目的。常见的隔离方法有光电隔离、变压器隔离和继电器隔离等。

　　光电隔离是以光作为媒介在隔离的两端间进行信号传输,所用的器件为光电耦合器。由于光电耦合器在传输信息时不是将其输入和输出的电信号进行直接耦合,而是借助于光作为媒介物进行耦合,因而具有较强的隔离和抗干扰的能力。如图 9-8 所示为由光电耦合器组成的输入/输出线路。在控制系统中,光电耦合器既可以用作一般输入/输出的隔离,也可以代替脉冲变压器起线路隔离与脉冲放大作用。光电耦合器无触点、寿命长、易与逻辑电路配合、响应速度快、小型、耐冲击且稳定可靠,具有很强的抗电磁干扰的能力,从而在机电一体化产品中获得了极其广泛地应用。

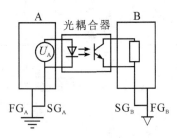

图 9-8　光电隔离技术

　　变压器隔离是交流信号传输中隔离干扰信号的办法。隔离变压器主要用来阻断交流信号中的直流干扰和抑制低频干扰信号的强度。如图 9-9 所示为变压器耦合隔离电路。传输信号通过变压器获得通路,而共模干扰由于不形成回路而被抑制。

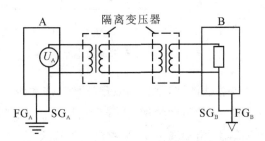

图 9-9　变压器隔离技术

　　继电器隔离是指继电器线圈和触点仅在机械上形成联系,而没有直接的电联系,因此可利用继电器线圈接收电信号,而利用其触点控制和传输电信号,从而可实现强电和弱电的隔离(如图 9-10 所示)。同时,继电器触点较多,且其触点能承受较大的负载电流,因此应用非常广泛。

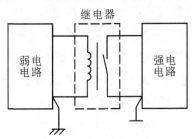

图 9-10　继电器隔离技术

项目 9 小结

本项目主要学习了应用传感器进行检测过程中干扰的来源,同时还详细介绍了不同类型干扰的特点和如何抑制干扰影响。学习的重点在于在传感器检测过程中如何准确判断干扰的类型、来源及其传送的方式,只有这样才能根据不同实际情况提出不同的抑制干扰的措施,从而实现消除或减弱干扰的影响。

课后习题

一、判断题

1. 传感器的灵敏度越高,越容易受到无关信号干扰。　　　　　　　　　　　　　（　　）

2. 干扰和测量误差是同一个概念。　　　　　　　　　　　　　　　　　　　　（　　）

3. 对于机械干扰主要采用减震的方法解决。　　　　　　　　　　　　　　　　（　　）

4. 采用软件技术无法抑制电磁干扰。　　　　　　　　　　　　　　　　　　　（　　）

5. 电网波动对传感器的输出信号不会造成影响。　　　　　　　　　　　　　　（　　）

6. 传感器工作在线性区域内,是保证测量精度的基本条件。　　　　　　　　　（　　）

7. 常见的电气设备干扰有内部干扰和外部干扰。　　　　　　　　　　　　　　（　　）

8. 集成传感器系统小型化,可以改善了整个系统的抗干扰性能。　　　　　　　（　　）

二、选择题

1. 下列不属于传感器抗干扰技术的是（　　）。
   A. 屏蔽技术　　　　　B. 接地技术　　　　　C. 隔离措施　　　　　D. 放大技术

2. 在系统中,测得有用信号的功率为 10 W,干扰信号的功率为 1 W,则其信噪比为（　　）。
   A. 10　　　　　　　　B. 10 db　　　　　　　C. −10　　　　　　　　D. −10 db

3. 在典型噪声干扰抑制方法中,差分放大器的作用是（　　）。
   A. 抑制共模噪声　　　B. 抑制差模噪声　　　C. 克服串扰　　　　　D. 消除电火花干扰

4. 希望抑制 50 Hz 的交流电源干扰,可选用（　　）滤波电路。
   A. 低通　　　　　　　B. 高通　　　　　　　C. 带阻　　　　　　　D. 带通

5. 利用光电耦合器抑制干扰的方法属于（　　）。
   A. 接地　　　　　　　B. 隔离　　　　　　　C. 屏蔽　　　　　　　D. 滤波

6. 在设备启停时产生的电火花干扰,通常采用（　　）来消除。
   A. 接地　　　　　　　B. 隔离　　　　　　　C. 屏蔽　　　　　　　D. RC 吸收回路

7. 在系统中,测得有用信号的电压为 10 Vpp,干扰信号的电压为 1 Vpp,则其信噪比为（　　）。
   A. 20　　　　　　　　B. 20 db　　　　　　　C. 60　　　　　　　　D. 60 db

8. 信号在相邻导线上产生的干扰称为（　　）。
   A. 串扰　　　　　　　B. 电火花干扰　　　　C. 共模噪声干扰　　　D. 差模噪声干扰

参考文献

[1]柳桂国.传感器与自动检测技术[M].北京:电子工业出版社,2013.

[2]常慧玲.传感器与自动检测[M].北京:电子工业出版社,2009.

[3]俞云强.传感器与检测技术[M].北京:高等教育出版社,2008.

[4]王煜东.传感器及应用[M].北京:电子工业出版社,2009.

[5]陈晓军,蒋琦娟.传感器与检测技术项目式教程[M].北京:电子工业出版社,2014.

[6]谢志萍,禹伟.传感器与检测技术[M].北京:电子工业出版社,2013

[7]俞志根.传感器与检测技术[M].北京:科学出版社,2011.

[8]刘伦富,周志文.传感器技术应用与技能训练[M].北京:机械工业出版社,2012.

[9]陈卫.传感器应用[M].北京:高等教育出版社,2014.

[10]李林功.传感器技术及应用[M].北京:科学出版社,2015.

[11]宋文绪,杨帆.自动检测技术[M].北京:高等教育出版社,2004.

[12]陈书旺,张秀清,董建彬,等.传感器应用及电路设计[M].北京:化学工业出版社,2008.

[13]何希才.常用传感器应用电路的设计与实践[M].北京:科学出版社,2007.

[14]卿太全,梁渊,郭明琼,等.传感器应用电路集萃[M].北京:中国电力出版社,2008.

[15]何希才,任力颖,杨静,等.实用传感器接口电路实例[M].北京:中国电力出版社,2007.

[16]黄继昌.检测专用集成电路及其应用[M].北京:人民邮电出版社,2006.

[17]张洪润,邓洪敏,郭竞谦.传感器原理及应用[M].北京:清华大学出版社,2021.

[18]卜乐平.传感器与检测技术[M].北京:清华大学出版社,2021.

[19]牛百齐.传感器与检测技术[M].北京:机械工业出版社,2017.

[20]程月平.传感器与自动检测技术[M].西安:西安电子科技大学出版社,2016.

[21]何兆湘,黄兆祥,王楠.传感器原理与检测技术[M].武汉:华中科技科技大学出版社,2019.

[22]梁森.传感器与检测技术项目教程[M].北京:机械工业出版社,2016.

[23]戚玉强,任玲.传感器与检测技术[M].4版.北京:北京航空航天工业出版社,2018.

[24]董春利.传感器与检测技术[M].北京:机械工业出版社,2017.

[25]郑志霞.传感器与检测技术[M].厦门:厦门大学出版社,2018.